U0527127

零压力
猫咪行为训练

九月 / 著　李小孩儿 / 绘

天津出版传媒集团
天津人民出版社

果麦文化 出品

前言

语言如同一座奇妙的桥梁，为不同文化体系、不同国家和地区的人们构筑起了和谐的沟通乐园。使用相同语言的人可以畅所欲言；语言不通的人仍然可以通过肢体动作表达，还可以用画面交流。这正是语言的神奇之处——纵然情况各异，我们仍能通过声音、动作等方式，确保双方理解彼此的基本意思。

然而，我们和可爱的猫咪属于不同的物种，我们的语言——无论是声音还是动作，都与它们的"语言"存在着根本性差异。这导致我们在与猫咪交流时常常产生误解，不得不面对一系列令人困扰的沟通难题。

例如，清晨，当猫咪把你吵醒时，你或是睡眼惺忪地起床喂食，或是骂骂咧咧地把猫赶出去，希望它能理解你，不要打扰你休息。无论是你的动作还是语言，想表达的都是"别吵，不要打扰我睡觉，你自己去玩"。但猫咪理解的是："当早晨我想和家长互动时，只要去床上舔舔他、挠挠他，不停地喵喵叫，或是在他身上跳来跳去，他就会起来抱抱我，给我好吃的，和我聊天。"

这种语言隔阂导致你们的沟通不仅无效，而且适得其反。这种错误每天都在循环，误会就会越来越深。一段时间后，猫咪就会在同样的时间段里，用它认为你能理解的方式——喵喵叫、舔咬、抓挠和跳跃，来获取想要的互动。这样，问题就更难解决了。

为了避免这种有趣又无奈的沟通困扰，我们需要和猫咪一起打磨一把通往猫语世界的"金钥匙"。就像学习普通话一样，我们也要和猫咪建立起同一种语言，让彼此的交流更加顺畅。这本书将带领你探索如何使用"猫咪普通话"，如何与猫咪深入交流，让你们之间的沟通更有趣、更有效。

目录

第一章

身体语言

眼睛在"说"什么? —— 2
耳朵在"说"什么? —— 11
嘴巴在"说"什么? —— 15
尾巴在"说"什么? —— 18

第二章

猫咪普通话

猫咪普通话的构成 —— 25
 猫普的沟通技巧——行为 ABC —— 25
 猫普中的语法——操作条件反射 —— 33
 否定句(处罚):行为发生率减少或消失 —— 35
 肯定句(增强):行为发生率保持或增加 —— 36
 猫普中的词汇——响片训练 —— 40

第三章

用训练的方法建立有效沟通

如何向刚见面的猫咪介绍自己 —— 50
 第一阶段:熟悉新环境 —— 52
 第二阶段:认识单词——响片与奖励 —— 53

第三阶段：缩短临界距离	56
学习肯定句	60
轻松聊天	62
深度沟通	69
亲爱的猫咪，我想为你介绍我的人类朋友	75
第一阶段：消除不良印象	75
第二阶段：建立良好印象	77
第三阶段：友好互动	78
亲爱的猫咪，让我们一起去散步吧	80
第一阶段：适应户外装备	81
第二阶段：适应户外	85
亲爱的猫咪，让我们做个美容吧	90
洗澡的脱敏训练	90
吹毛的脱敏训练	93
学习否定句	101
否定句中的替代法	101
亲爱的猫咪，请停止破坏家具	104
否定句中的消退法	107
亲爱的猫咪，请不要吵我睡觉	110
亲爱的猫咪，请不要对我使用爪子和牙齿	115
后记	121

第一章

身体语言

在人类社会中，身体语言作为副语言伴随有声语言使用，如兴奋时拍手、思考时皱眉。对猫咪而言，身体语言则是主要沟通方式，例如高兴时竖起尾巴、愤怒时露出牙齿。

我们要与猫咪顺利沟通，首先需了解它们的身体语言，就像面对不会说话的婴儿，我们首先要知道他们的哭泣可能是在表达诉求，而笑容是因为诉求获得满足。猫咪每时每刻都在使用身体语言表达自己，但许多家长常忽略这些，误以为猫咪不善于沟通。因此，理解它们的表达方式，是建立沟通的第一步。

眼睛在"说"什么？

人类和猫咪的瞳孔，都会随着光线强弱或是情绪起伏而变化——光线强时缩小，光线弱时变大；情绪放松时缩小，情绪兴奋时变大。受自主神经系统的影响，瞳孔变化是无意识的。在紧张时，即使我们或猫咪强装镇定，放大的瞳孔也会泄露真心。眼睛不会说谎，当我们去观察猫咪当下的情绪状态时，这扇"窗口"会给我们最真实的答案。

细线状瞳孔

在强烈光线下，猫咪的瞳孔会变成一条细线。除了光线变化，当猫咪满足或开心时，瞳孔也会变成细线状，喉咙深处通常也会发出"呼噜呼噜"的声音，身体也是伸展的、松软的。

枣核状瞳孔

当光线逐渐开始变弱，或猫咪在放松状态下突然感到好奇，瞳孔就会由细线状开始慢慢横向扩张，变成枣核状。

椭圆形瞳孔

光线更弱，或是猫咪专注于某件事情的时候，瞳孔就会从枣核状变成椭圆形。这是我们最常看到的猫咪瞳孔状态。

圆形瞳孔

当猫咪的瞳孔变成圆形时，如果不是因为光线太暗，那就和交感神经有关了，猫咪很可能正处于焦虑或害怕的状态下。这时去和猫咪互动，猫咪可能会逃跑，也可能会发起攻击。

满瞳

满瞳状态下的猫咪，眼睛瞪得又大又圆，水灵灵的，看起来非常可爱。但实际上，猫咪因为焦虑或害怕到快要崩溃时，瞳孔才会放到最大。这个时候和猫咪互动，是非常容易遭到猛烈攻击的。

猫咪情绪状态发生转变时，它们的瞳孔缩放非常迅速。瞳孔是我们最容易发现它们情绪转变的地方，但不能单凭瞳孔变化判断猫咪的情绪，还要结合光线和环境因素综合考虑，这样可以帮助我们更准确地理解它们当下的情绪。

完全睁开的眼睛

当猫咪的眼睛完全睁开,并出现圆形瞳孔或满瞳时,它们的情绪通常是非常激烈的,正处在强烈的害怕或焦虑中;如果眼睛完全睁开,瞳孔却是椭圆形甚至细线状,则说明光线很强烈,或猫咪处于好奇、兴奋、精神饱满的状态。

正常睁开的眼睛

眼睛没有睁大,也没有眯眼,是猫咪在正常情绪下最常呈现出的状态。但如果正常睁开的眼睛里,瞳孔一直是圆形或满瞳,光线也不能引起瞳孔变化,就需要考虑猫咪是否有健康方面的问题,需要及时就医。

睁开一半的眼睛

半睁眼状态下的猫咪,通常都很放松,瞳孔最常呈现细缝状,随着光线变弱还会逐渐变成椭圆形。在这种状态下,就算猫咪出现圆形或是长条形瞳孔,也大都和光线有关,与情绪无关。

眨眼

猫咪在非常放松时会缓慢眨眼，代表它想要维持当下的状态。

有人说猫咪对人眨眼是在表达"我爱你"，实际上眨眼是一个中性信号，猫咪真正表达的是："我很享受我们现在的距离和相处方式，我不想和你靠太近，但我也不希望你远离我。"如果你也对猫咪缓慢眨眼，它会认为你在说："我也只想和你保持现在的距离，不想太远，也不要太近。"

猫咪在和人或其他动物近距离互动时，也会频繁地通过眼睛进行沟通，以调节对方和自己的距离。

瞪

在猫咪的世界里，瞪住对方是非常不友好的行为。它们在做出攻击之前，通常会试图通过瞪的方式让对方知难而退，拉远彼此之间的距离，避免发生肢体冲突。但是如果对方没有后退，猫咪接下来很可能会开始攻击。

很多家长喜欢目不转睛地看着猫咪，虽然你满怀爱意，但猫咪可能会误会你的意思，以为你在警告它们。所以当我们要对猫咪进行一些它们觉得不怎么舒服的操作时，比如生病看诊、洗澡吹毛，记得尽量不要与猫咪对视，以免给猫咪带来更大的压力。

伴随回避的眨眼

当猫咪眨眼的同时把脑袋撇开，眼神回避，这是一种善意的回应——"我不想和你发生冲突，所以我不用瞪的方式来对待你"。

温柔的凝视

当猫咪眼神温柔地凝望着你，同时伴随缓慢眨眼时，则是在表达顺从和享受。

喜欢拍照的家长会发现，我们很难抓拍到猫咪直视镜头的照片。相机正对它们时，猫咪总会东张西望，虽然没有任何证据，但就猫咪的行为来看，这可能是一种友好表达。

我们的镜头就像瞳孔，又大又圆，而镜头背后刚好是我们的脸。从猫咪的视角来看，镜头就是你的眼睛，当我们想要拍照时，猫咪可能误以为我们在瞪它们。如果猫咪不想发生冲突，就会回避镜头；有的猫咪很自信，被瞪住也不愿意后退，还很可能会拍打镜头。

关于猫咪的眼睛，还有很多有趣的小知识，我们了解得越多，和它们沟通起来也会越顺畅。

1. 猫咪主要靠嗅觉感知世界，视觉在某些方面是不如人类的，比如它们的视敏度只有人的十分之一，辨认力是人的五分之一。因此，当你旅行回来，刚打开家门，如果不发出声音，猫咪很难立即识别出你是谁。如果你家有多只猫，其中一只洗了澡或刚出院，它身上的气味改变了，家里的其他猫很可能认不出它，因为猫咪主要靠群体气味而非视觉辨认同伴。

2. 猫咪无法识别红色，但可以识别出绿色、蓝色及其混合色。如果你想给猫咪买一些更令它们感兴趣的玩具，可以考虑这些颜色。

3. 猫咪的眼睛难以聚焦25厘米以内的物品。如果把零食放到它们脚边，它们很难发现。

4. 猫咪无法看到移动速度非常慢的物体。人类可以感知的最慢速移动再加速10倍左右，猫咪才能感知到。所以猫咪想要逃跑的时候，总是会小心翼翼、非常缓慢地移动，它们以为所有物种都和它们一样，无法侦测到慢速移动。

5. 野外生活的猫咪和家养猫咪的用眼习惯不一样。野外非常空旷，所以户外猫更习惯看远处的物体；室内有墙的限制，导致家养猫更习惯观察近处的物体。

猫咪的眼睛能"说真话"，但很多时候，我们也要结合其他身体部位共同观察分析，才能更好地领会它们表达的意思。

Tips:

1. 你知道吗？和猫咪一样，人的瞳孔也会随着光线和情绪的变化而缩小或放大。区别在于，人类的瞳孔括约肌是环形的，猫咪的则是长条状的，所以人类的瞳孔以圆形方式放大或缩小，而猫咪的瞳孔则是以纵向椭圆形的方式收放。由于瞳孔括约肌的不同，人类的瞳孔不会出现猫咪那样的细线状。

2. 古人曾利用猫咪的眼睛判断时间，苏东坡在《物类相感志》里的《猫儿眼知时歌》中写道："子午线，卯酉圆，寅申巳亥银杏样，辰戌丑未侧如钱。"清代弹词《玉蜻蜓·云房产子》中也有记载：子午卯酉一线光，辰戌丑未枣儿样，寅申巳亥圆如镜，猫眼之中有时光。在日本的文献中也有记载：六时圆，五七如卵，四八似柿之核，九时如针。优秀的忍者也可以通过猫咪的瞳孔来判断时间。

耳朵在"说"什么?

猫咪的耳朵有 32 块肌肉,可以 180°自由转动,非常灵活,除了收集环境中的各类声音外,也能反映出猫咪当下的情绪与行为动机。

竖立朝前的耳朵

当猫咪把耳朵直直地竖起来,耳尖指向天花板时,通常心情都很不错,我们可以在这个时候和猫咪进行一些友善的互动;如果竖立的耳朵微微前倾,耳尖指向正前方,脑袋也随着耳尖方向转动,说明猫咪被某个它感兴趣的东西吸引住了。

当你挥动逗猫棒,猫咪的耳朵和眼睛都指向玩具时,不要快速把逗猫棒挥走,要原地缓慢移动,促使猫咪成功捕捉。如果一直无法抓住"猎物",猫咪就会感到挫败,从而对逗猫棒不再感兴趣。

转动的耳朵

当猫咪的耳朵突然开始转动，意味着它的警觉性开始轻微升高。它这样做是为了收集声音，周围的某种声音让它感到微微不安，没有害怕到需要马上躲藏起来，但也不是完全不在意。通常身体和脑袋的运动速度也会减缓或停止，以便观察周围环境的状况，快速做出反应。

飞机耳

当猫咪耳尖往后旋，耳朵平贴成机翼状时，说明猫咪的警觉性比较高了，它可能因为家长的控制、责骂而感到不高兴。这个时候我们应该给它更多的时间去平复。

警觉状态下的猫咪会变得敏感，一点点风吹草动都会引起它们的注意。我们要给猫咪足够的时间去观察并确认周围没有令它

们不安的刺激，等耳朵回到竖立状态后再去和它们互动，以免增加猫咪的恐惧感。

紧贴后脑勺的耳朵

当猫咪高度害怕或愤怒时，耳朵会完全后旋，贴平后脑勺，也可能伴有嚎叫或哈气。在这种状态下，猫咪很容易出现攻击行为；即使猫咪默不作声，也没有挥动爪子，贴平的耳朵也在表达恐惧的情绪。

处在高度害怕状态下的猫咪，只想要找个没人可以看见它的地方躲藏起来。如果家长在这个时候去安抚猫咪，反而容易造成误会。所以我们应该在为猫咪提供一些可以躲藏的箱子后远离猫咪，给彼此一定的空间和时间，等到猫咪完全平复后再去互动。

Tips:

1. 苏格兰折耳猫和美国卷耳猫的耳朵也和其他猫咪的耳朵一样，除了收集声音，也会展现出当下的情绪与行为动机。我们可以观察它们的耳根部位，就能判断出耳朵转向的方位。

2. 猫咪的听力范围大约是人的 3 倍，可以听到更多人类听不到的高频音。有时候，它们不只会转动耳朵收集声音，眼睛也会看向声音来源的方向。猫咪只是察觉到了我们听不到的声音，并不是看见了"鬼"哟。

3. 很多猫友把耳尖毛命名为"聪明毛"，将耳簇毛命名为"犟种毛"。其实耳尖毛是为了帮助猫咪更好地收集声音和抵挡污垢，耳簇毛是为了保暖，与性格完全无关。

嘴巴在"说"什么？

猫咪的小虎牙锋利又可爱，大部分时候都被嘴唇覆盖住，但情绪变化时，它们就会暴露出牙齿。

微微张开的嘴巴

猫咪嘴巴微张，可能是因为轻轻地叫了一声后，嘴巴还没有合上，这时候的猫咪情绪通常都是稳定的，状态是慵懒的。

嗅闻到其他猫咪留下的气味信息时，猫咪也会微微张开嘴巴，方便门牙后面的犁鼻器更好地感受对方的信息。

小狗喘

如果猫咪嘴巴微张，同时伴有快速的喘气，舌头像小狗一样暴露在外，可能是因为天气太热，或是刚剧烈运动完。

但如果是过度害怕导致猫咪像小狗一样喘气，这时猫咪会有应激风险。我们应该停止与猫咪互动，提供一个可供猫咪躲藏的地方，等到猫咪平复下来后，再缓慢地逐步增加互动。

哈气

猫咪哈气时，看起来很凶，很多人会因此误会这只猫咪的性格不好。事实上，任何一只猫咪都可能哈气。当猫咪把牙齿全部暴露时，就可能会伴有哈气，此时，它的耳朵几乎平贴后脑勺，趾甲也会伸出来。

猫咪这样做，是因为它感到非常害怕，它的牙齿和趾甲是它的武器。在攻击之前，它虚张声势地把所有武器亮出来，试图震慑住对方，迫使对方后退。如果让它感到害怕的人继续逼近，它就会出现攻击行为。

所以，当猫咪哈气时，我们应该远离猫咪，移除使它感到巨大威胁的人或物，给它提供足够的躲藏空间和逃脱距离，这样才不会把它逼到做出攻击行为的地步。

Tips:

  1. 人类比其他动物更具创造性的一个原因是，人类有足够长且灵活的大拇指，可以用大拇指和食指拿起需要的工具和物品。当猫咪想要带走某个东西时，只能利用上下牙衔取。当猫咪因为家长的抚摸感到不耐受又没有办法离开时，会轻轻咬住家长的手，这并不是攻击，而更像是我们用手掸走身上的灰尘。

  2. 幼猫时期，为了能吸到妈妈的乳汁，猫咪拥有吸吮能力。随着年纪增长，吸吮能力会逐步退化，正常的成年猫将不再拥有吸吮能力。母乳不足或是过早离乳的猫咪，可能会一直保留吸吮能力，成年后会对柔软的织物做出吸吮行为。有焦虑问题的猫咪，甚至会对自己或家长的身体部位过度吸吮，导致皮肤溃烂。过度吸吮不是异食癖，但出现这一行为，尤其吸吮对象是人或猫咪自身时，我们就需要关注猫咪的情绪问题，尽早处理，有时可能需要使用药物缓解和治疗。

尾巴在"说"什么?

尾巴是猫咪最活跃的表达部位。大部分猫咪的尾巴和身体长度差不多，我们可以直观地通过尾巴形态来判断猫咪当下的情绪状态。

高举的尾巴

当猫咪遇到认识的人或动物时，会高高举起尾巴和对方打招呼。如果打招呼的对象是另一只猫，对方也会马上举起尾巴做出友好的回应。高举的尾巴代表猫咪当下心情愉悦，愿意有更多的互动，我们可以在这个时候和它们说说话或是轻轻抚摸它们。

高举的尾巴有时候也会悠然地大幅度左右摆动，这同样代表猫咪心情很好，感到满足。

频繁且快速甩动的尾巴

猫咪如果感到不耐烦，或是因为害怕而做出警告姿态时，尾巴会像鞭子一样来回甩动。情绪越糟糕，尾巴甩动的幅度就会越大。和哈气一样，当猫咪甩动尾巴时，也是希望停止互动或是增加双方之间的距离。如果家长没有看懂，猫咪可能会伺机逃跑，也可能会做出攻击行为。

放在身体一侧的尾巴

猫咪坐下后，可能会把尾巴放到身体一侧，这代表猫咪想在这个地方多待一会儿，并不打算马上离开；如果坐下后尾巴伸展在身体后方，代表猫咪只是驻足一会儿，很快就会到其他地方。

遮挡肛门的尾巴

猫咪们通过肛门周围的腺体释放信息素，以方便其他猫咪识别自己。在遇到认识的、关系亲密的猫咪时，举起尾巴打招呼的同时，也是在向对方暴露自己的信息。但如果猫咪不希望对方了解自己，就会用尾巴遮挡肛门，拒绝向对方做"自我介绍"。如果尾巴前端遮挡肛门的同时，后端夹在两腿之间，或是趴下时用身体压住尾巴，代表猫咪正在害怕或紧张。移除令猫咪感到害怕的刺激，尾巴就会变得放松，回到自然状态。

Tips:

1. 面对无尾猫时，我们也可以通过观察它们尾巴根的方向，做出基础判断。

2. 有部分猫咪在发现猎物或遇到期待的零食时，尾巴会兴奋地颤抖，表示它们心情很激动。

3. 当猫咪感到威胁时，可能会竖起背部和尾巴的毛发。奓毛的尾巴蓬松又可爱，但猫咪的心情并不美丽哟。

身体语言并不只是某个身体部位的单独表达,而是多个部位的联合表达,如人在高兴时不仅有笑容,还可能手舞足蹈、哼唱小曲、摇头晃脑。我们通过猫咪的身体语言了解其情绪时,也需要全面观察,避免误解。

例如我们刚刚说过,当猫咪心情愉悦时会举起尾巴,但它们受到威胁时也会。当猫咪感到害怕、希望对方后退时,会呈现多毛猫(Halloween cat)的姿态——尾巴高举,背部弓起,耳朵后旋,瞳孔放大,可能伴有哈气。虽然猫咪尾巴高举大部分时候是因为愉悦,但此时身体其他部位都在告诉我们,需要与猫咪保持距离,它并不希望被抚摸。

同时,我们还要考虑到周围环境和具体情况,某个行为并非绝对对应某种情绪。就像人苦笑时,单看笑容会误认为他很快乐,但若了解到他正面临着银行卡余额不足的危机,就会明白这笑容代表着无奈。

我们知道猫咪害怕时会逃跑、躲藏，但当猫咪高兴地释放精力"跑酷"时，看上去似乎也像在逃跑，奔跑时耳朵也呈飞机耳状，瞳孔放大，更有甚者会找个掩体躲藏起来。但我们知道它们并不是在害怕，因为环境里没有出现任何让猫咪感到恐惧的刺激。

当你越来越熟悉猫咪的身体语言，且能结合周围环境、具体情况去判断猫咪的情绪状态后，如果你想改变猫咪的某些行为，或是改变猫咪的情绪反应，我们便可以建立一种双方都能理解的语言了，我称之为"猫咪普通话"。

第二章

猫咪普通话

我们常因语言差异引发误会，英语里的"no"和南非祖鲁语里的"cha"都是"不"的意思，但如果我们没学过，就不得而知。没错儿，顺利沟通需要用双方都能理解的语言。人与猫咪的交流也是如此。

猫咪无法理解我们的话语。当它们的行为干扰到我们的生活时，我们难以有效沟通。甚至很多时候，错误的沟通方式还会导致事与愿违。因此，我们迫切需要学会猫咪也能准确理解的"语言"——猫咪普通话，简称"猫普"。

Tip：

人类拥有大约 860 亿个大脑神经元，猫咪只有 2.6 亿个左右。猫咪在理解我们言行上的困难程度，就好比让幼儿园小朋友来理解博士生。我们不会奢求小朋友理解博士论文，所以我们也不应该期待猫咪理解人类。相反，我们应该以拥有 860 亿个神经元的"博士生"心态，学会用简单明了的方式与猫咪交流，去唱好一首儿歌。

猫咪普通话的构成

如同学习英语需要背单词、学语法，学习猫普也需要掌握一些简单的词汇和语法。放轻松，比起英语，猫普可要简单多啦！

猫普的沟通技巧——行为 ABC

猫咪的不恰当行为常常让家长感到苦恼，比如在诊所抓咬医生，或在清晨吵闹不休。如果处理不当，猫咪会养成坏习惯并可能难以改变。

猫咪的一切行为，无论是害怕地哈气、高兴地翻肚皮，还是焦虑地喵喵叫，都有其原因和动机。如果不去找寻其背后的原因和动机（A），只针对行为（B）做出奖励或处罚，结果（C）很可能让家长和猫咪都不满意。

准确的表达离不开高效的沟通技巧，反之，就会导致猫咪误会你的真实意图。

行为学里的 ABC 模型，便是猫普的沟通技巧：

A——antecedent：行为发生的前因、条件（猫咪注意到的刺激，包括人、物）。

B——behaviour：猫咪做出的行为。

C——consequence：行为发生后的结果（满足或痛苦）。

很多家长在看到猫咪出现某种行为（B）时，都是直接干涉该行为。比如猫咪把你的手当成玩具，总是抱着手又咬又踢（B），以下就是几种典型的错误沟通方式：

错误沟通 1：轻轻拍打猫咪，大叫"不要咬我的手"。猫咪会误以为这是一种更加激烈的友好互动——"只要我去踢咬家长

的手（B），家长就会给我更多的回应（C）。手指比那些塑料逗猫棒更像真正的猎物，能带来更多满足，这太有趣了！以后只要我想练习狩猎（A），就去踢咬家长的手（B）来获得满足（C）。"

错误的沟通技巧导致猫咪曲解了家长的意思，家长以为在教育猫咪，事实上是在鼓励猫咪继续踢咬。因为踢咬（B）带来了满足（C），所以猫咪会将踢咬（B）这个行为会继续下去，甚至看到家长的手（A）就会马上产生踢咬的行为（B）以获得更多的满足（C）。

错误沟通2：惩罚猫咪！恶狠狠地打骂猫咪，使猫咪感到害怕从而逃跑。这看起来确实是改变了猫咪踢咬的行为，但猫咪会错误地理解为："和我同住的这个人情绪非常不稳定，并且有暴

力倾向,即使我对他表达友好,用猫咪能理解的游戏方式和他互动(B),他也会突然发狂打骂我,我很害怕(C),我要远离他(A)。"

错误的沟通技巧导致猫咪产生恐惧,家长以为自己在制止踢咬,实则是在教猫咪远离自己。因为和家长接触导致猫咪受到惊吓、疼痛(C),所以猫咪待在家长身边和家长互动(B)的行为就会减少,用与家长(A)保持距离(B)的方式来避免恐惧(C)。

当我们想要改变猫咪的行为B时,需先找到原因A,并针对猫咪做出的反应B来改变结果C。对于猫咪来说,C的好坏,直接关系到下一次A出现时B的不同。所以,在处理猫咪不恰当的游戏行为时,我们要使用正确的技巧进行沟通。

当猫咪想要的结果（C）是和家长来一场有趣的互动并从中获得满足时，条件就是家长出现在猫咪的身边，如果猫咪已养成见到家长（A）就踢咬（B）的习惯，我们要改变踢咬后的结果（C），既不是从踢咬中可以获得更有趣的互动（错误沟通1），也不是踢咬会造成恐惧和疼痛（错误沟通2），而是踢咬一旦发生，互动对象就会立即消失（C）。猫咪失去了渴望互动的对象，踢咬行为（B）没有带来预期结果（C）。只要行为没有达到预期，这个行为就会失去意义，猫咪再看到A时，过去学习的行为就会发生改变。

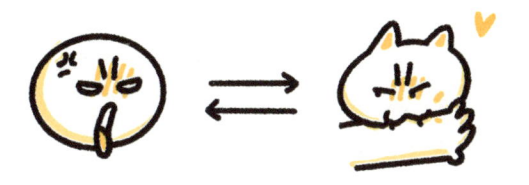

你可以观察下你的猫咪，当猫咪不想再继续某种互动时，它的第一反应一定是起身离开。比如你在为它梳理毛发，起初猫咪是接受和享受的，但由于猫咪皮肤非常薄，耐受程度会比狗狗和人类低，接近阈值时猫咪就会走开。若阻止它离开，猫咪可能就会厌烦地叫（骂），或是挥动它的爪子（打）。

我们要和猫咪建立沟通，必须用它们能够理解的方式，当你想要改变它们不恰当的行为时，也要向猫咪学习——直接离开。

当然，由于缺乏直接有效的语言沟通，猫咪是无法理解你离开的原因的，所以不会立竿见影。在消退猫咪的某个行为时，我们必须始终如一地坚持，时间久了猫咪才能明白："我想要和家长互动，但如果用踢咬的方式，便会失去继续互动的机会。"

正确的沟通技巧是，如果猫咪对你做出踢咬的动作，你要控制情绪，不要骂骂咧咧——以免猫咪误以为你在用声音和它互动；不要轻拍——以免猫咪误以为你在用你的"爪子"回应互动；不

要严厉地打骂——以免破坏自己和猫咪之间的关系。你只需要立即起身，到另一间房，关上门，无声地消失。无论出现多少次踢咬行为，每一次你都要坚持离开，持续一段时间后，你就会发现踢咬行为减少，沟通开始变得有效了。

再举个很多养猫家庭都会发生的例子：家长给猫咪剪趾甲时，猫咪会使劲地挣扎。

如果你希望猫咪配合你剪趾甲，我们首先要整理逻辑：

原因（A）——猫咪不喜欢爪子被捏住。

行为（B）——挣扎。

结果（C）——逃离家长的怀抱，爪子自由了。

错误的沟通是直接处理 B。猫咪越挣扎，家长的控制力度就越大，强行给猫咪剪趾甲。这样做会让猫咪对剪趾甲这件事更加厌恶，A 被强化，多次后，猫咪只要看见指甲剪，就会迅速逃跑和躲藏。

正确的沟通是处理 A。家长可以先轻轻碰一下猫咪的爪子，同时让猫咪获得非常喜欢的零食；不碰爪子时，零食也会消失。待猫咪情绪稳定，不再在意触摸后，逐步变成轻捏爪子的同时给予零食。这样猫咪就会把"剪趾甲"（A）和"吃零食"关联起来，获得愉快体验（C），配合度就会越来越高。

因此，在学习语法与词汇前，我们首先需要掌握和猫咪沟通的技巧，面对任何一个需要处理的行为时，都应当先找到 ABC，只要改变由 A 产生的 C，B 就会随之改变。

猫普中的语法——操作条件反射

家长如果长期使用错误的沟通技巧去"惩罚"猫咪不恰当的行为，就会形成经典条件反射（classical conditioning）。如同前文提到的，猫咪发现每次踢咬家长，家长做出的回应都是轻拍和发声，猫咪就误以为踢咬可以获得一场更有趣的狩猎游戏。一旦错误技巧的使用频率增加，猫咪就会形成经典条件反射——只要看到家长的手，就抱着踢咬。

当我们想要改变猫咪的行为时，需要去改变它们过去学到的经验——"曾经，我只要做出某个行为，就能带来预期的结果，但现在这个结果改变了，与我的预期不符，或许我需要去改变我的行为，才能达到我想要的结果。"这就是动物训练里最常使用的操作条件反射（operant conditioning），我把它称为猫普中的语法：

正增强（positive reinforcement）：某个行为出现后，就能得到想要的结果，以此方法来增加该行为的发生率。

负增强（negative reinforcement）：某个行为出现后，厌恶

的结果被移除，以此方法来增加该行为的发生率。

正处罚（positive punishment）：某个行为出现后，就会得到厌恶的结果，以此方法来减少该行为的发生率。

负处罚（negative punishment）：某个行为出现后，想要的结果被移除，以此方法来减少该行为的发生率。

经典条件反射是一种被动的行为，即只要某个条件出现，相应的行为也会一并出现。而当我们利用操作条件反射进行沟通，试图增加或移除猫咪的某些行为时，这些行为是猫咪主动做出的，虽然你是幕后操纵的"黑手"。只有主动行为才能实现有效沟通。

猫普的语法非常简单，可以归纳为两个句式——否定句与肯定句。

否定句（处罚）：行为发生率减少或消失

我们利用"家长消失术"消退踢咬行为时，实际上是用操作条件反射中的负处罚向猫咪传达否定句——"你踢咬我，我就会消失，所以请不要用这样的方式与我互动。"

即猫咪出现踢咬行为时，移除它想要得到的有趣狩猎这一结果，以"家长消失术"来减少踢咬行为的发生率（负处罚）。

没有人愿意总是被他人否定，猫咪也一样。使用否定句期间，我们也应该配合使用肯定句，增加正向互动，满足猫咪的狩猎需求。前文提到，有效的沟通离不开沟通技巧 ABC，我们改变了猫咪踢咬后的结果（C），表达了"不要用这样的方式和我互动"（否定句）。那怎样表达"请用其他方式与我互动"（肯定句）呢？

肯定句（增强）：行为发生率保持或增加

当我们知道了猫咪的需求是与家长进行有趣的狩猎游戏（C），要把刺激猫咪狩猎游戏的条件（A），从家长的手变成家长手里的玩具，那我们就要用到肯定句的语法之一——正增强。

当猫咪乖乖待在你身边，想要互动但没有再踢咬你的手时，拿起逗猫棒（A），利用猫咪抓捕逗猫棒的行为（B），来达到猫咪想要狩猎游戏的结果（C）。适当提供一些机会，让猫咪成功抓住逗猫棒，同时扔一两颗喜欢的零食给它，让猫咪获得更大的满足（C）——"我和家长的这场狩猎游戏真是太有趣了！

不但能成功狩猎，还能赢得好吃的！我非常喜欢这样的互动方式！"——从而增加猫咪踢咬玩具的行为发生率（正增强）。

如果猫咪想要的不是狩猎游戏，而是与家长的肢体接触，你可以在猫咪乖乖待在你身边时，用温柔的语言夸赞它，轻轻抚摸它，也可以给一些它爱吃的零食，用这样的方法增加猫咪安静陪伴的行为发生率（正增强）。

只要你能熟练运用猫普语法，过不了多久，踢咬家长手的行为就会消失，互动也会变得更加平和而有趣。简单来说，猫咪只要踢咬家长，家长就立即消失；只要猫咪乖巧安稳，则获得玩耍或食物的奖励。

你要相信猫咪是很聪明的动物，在肯定句与否定句的交替使用中，猫咪能清楚地知道："踢咬家长达不到我想要的互动预期，但安稳可以让我获得更大的满

足。当我想要互动时,只要乖乖待在家长身边,就能达到目的!"

在调整猫咪行为的过程中,我们最常使用的就是正增强与负处罚。在使用否定句消退某个行为时,猫咪很可能会出现负增强,本书的后半部分会详细介绍应对方法。

所谓打骂教育,其实是一种正处罚,即当猫咪出现不恰当的行为时,家长用打骂的方式给猫咪施加恐惧和痛苦(正处罚)。用增加对方痛苦的手段来满足自己的目的,就是虐待行为。而虐待的后果是关系破裂(C),因为没有处理行为背后的原因(A),所以导致的行为(B)只会短暂地消退——猫咪因为害怕而躲藏起来,短暂地停止了踢咬行为,未来家长再和猫咪互动时,踢咬

仍然会出现；又或是猫咪的行为彻底被改变——因为害怕家长，所以猫咪学会了远离，踢咬虽然没有再发生，但家长也很难再和猫咪进行互动。

因此，请永远不要对任何动物使用正处罚！作为人类，我们是有能力使用温和而有效的方式与其他动物建立有效沟通的！

猫普中的词汇——响片训练

使用猫咪普通话时，我们可以增加一些词汇，把特定词汇加入正确的语法中，沟通会变得更加顺畅。响片训练（clicker training）作为动物训练中最重要也是最有效的操作方法，其所需要的媒介，就是猫普中的"词汇"。

家长只要学会了响片训练，不但可以教会猫咪握手、坐下、翻肚皮这些可爱的小动作，也可以教会猫咪一些复杂的"社交礼仪"，比如不要趴在键盘上打扰你工作。

我知道背单词的痛苦，但是别担心，猫普里的词汇非常少，只有四个：

第一个单词——响片：
做出目标动作时，就会听到"咔嗒"声

在我们的沟通技巧 ABC 中，响片可以作为猫咪行为 B 的应答器。当猫咪做出的行为是你需要的时，用响片的"咔嗒"声告诉它："你做对了！"当然，你也可以用弹舌或固定的夸赞词来替代响片的"咔嗒"声,但人发出来的声音不是恒定的,有时会导致猫咪无法理解,而响片的音频快速又稳定,可以用"咔嗒"声准确地标记猫咪做出动作的瞬间,便于猫咪理解"刚刚这个动作是需要我重复的"。

响片就像家里的开关,天黑了,需要开灯,你就会走向墙边按下开关,开关发出"咔嗒"声的同时,灯亮了。所以按响片的时候,我们要尽可能地迅速和精准,猫咪才能理解哪个动作是需要重复的。

第二个单词——奖励:
"咔嗒"声出现后,就会获得奖励

在动物训练中,奖励物就是猫咪的动机。我们要让猫咪知道,当它想要获得奖励的时候,就需要做点什么,天上并不会掉下小鱼干。奖励可以是猫咪非常喜欢的零食,也可以是它最喜欢的玩具。家长选好了奖励后,我们就要和猫咪建立一个游戏规则——

"咔嗒"声出现，奖励就会出现；没有"咔嗒"声时，也就没有奖励。因此，如果你按了响片，就一定要及时给猫咪奖励，而且为了让猫咪对奖励物保持期待，平时不能再轻易拿出来。

把单词串联成句子：
行为—响片—奖励

当你理解了响片和奖励这两个单词后，我们就要将它们串联成一句话，这就是响片训练的游戏规则，即猫咪做出家长预期中的动作，家长按响响片后猫咪获得奖励。

响片和奖励的关系就像开灯，当你按下开关，灯亮了，你获得了看清周围环境的奖励。但你并不是天生就知道按下开关灯会

亮，猫咪最初也不知道"咔嗒"声代表"做对了"。因此，我们要先教会猫咪建立响片与奖励之间的关系。

现在，你可以准备好猫咪喜欢的零食，拿好响片，把猫咪叫到身边，再把手指伸到猫咪鼻尖前，等猫咪用鼻尖主动触碰你的手指，触碰的同时，按下响片，然后喂猫咪吃零食。等猫咪吃完后，再次伸出手指，重复前面的操作。

如果你操作正确，只需要将"碰手指—按响片—给零食"这一步骤重复七八次，猫咪就能理解"咔嗒"声出现后，零食就会出现。但我们需要让猫咪更进一步地理解到，"咔嗒"声不是随

机出现的,是在它做出一些动作后才会出现的。所以,在重复"碰手指—按响片—给零食"时,你可以逐步拉开你的手指尖与猫咪鼻尖的距离,从最初的1厘米慢慢增加到10厘米、20厘米、30厘米……随着距离的增加,猫咪需要往前走几步才能碰到手指,用这样的方式让猫咪逐渐理解"并不是家长手指出现就会有'咔嗒'声和零食,而是需要我主动靠近并触碰家长后,才会有'咔嗒'声和零食"。

随着训练次数的增加及距离的逐渐拉长,最后如果你坐在沙发上,猫咪只要看到你对着它伸出手指,就会高兴地跑过来触碰。那么恭喜你,你的猫咪已经掌握两个单词了!

第三个单词——提示:
提示—行为—响片—奖励

当猫咪理解了"碰手指—按响片—给零食"后,我们可以增加一些声音提示,用有声语言替代伸出的手指。如此一来,即使家长和猫咪不在同一个地方,只要听到提示音,它也会立即跑到家长身边。

在猫咪看到手指朝你跑过来的过程中，你可以说"过来"或"here"等任何一个你喜欢的词。但要记住，猫咪并不能听懂"过来"的意思，它只是记住了你的发音，所以一个词只能代表一个特定的行为，训练中如果用的是"过来"，就不要再用"here"。

现在，训练正式开始。最开始的时候，要在猫咪快要碰到手指时发出声音提示。随着训练次数的增加，发声的时间点要开始慢慢往前移，逐步移到猫咪刚吃完上一颗零食还没转身时，便说出"过来"。如果已经重复了很多次"伸手指—提示—猫咪碰手指—按响片—给零食"后，就可以不再伸手指，训练逐渐变成"提示—

猫咪来到身边—按响片—给零食"。到了这一步，猫咪就真的听懂第一个人类语言的词语"过来"了！未来的日子里，只需要每天重复几次，这个词就会成为猫咪新学会的外语单词，并刻进猫咪的大脑里，再也不会遗忘！

第四个单词——夸赞：
提示—行为—夸赞

当你教会猫咪更多外语单词后，就可以教最后一个单词了。有的时候，我们需要猫咪把学会的动作全部串联在一起，完成一组后才会按一次响片并给奖励。为了避免猫咪对这种训练产生倦怠，也为了让最后的奖励变得更值得期待，可以用夸赞来替代按响片和给奖励的动作。

首先，你需要选定一个简单的夸赞词，比如我的夸赞词是"好宝宝"。和提示一样，猫咪是无法理解"好宝宝"的意思的，所以在重复响片训练时，我们可以在猫咪吃零食的时候夸赞。对于猫咪来说，吃到爱吃的零食是一件非常美妙的事，吃的过程中如果出现其他无伤害、无惊吓的中性刺激，它会觉得这个刺激也很美妙。久而久之，当猫咪的大脑接收到夸赞信号时，就如同吃到好吃的零食一样，产生安稳、满足的感受。

夸赞作为次级奖励，虽然会让猫咪感到愉悦，但始终不能完全替代零食在猫咪心中的地位。我们可以在串联动作中、脱敏过程中、诊疗安抚中大量使用夸赞，但仍然要适时地给予猫咪零食奖励。

当你理解猫咪普通话的构成，即沟通技巧、语法、词汇、句型后，我将一步步教会你如何熟练运用它。说好猫咪普通话，走遍猫圈都不怕！

Tips:

1. 如果遇到耳聋的猫咪，可以用验钞灯的闪光来替代响片；如果是又聋又瞎的猫咪，也可以用触碰或振动来替代响片。

2. 猫咪在思考时很容易分心。训练时，家长的有声语言最好只有简短的提示和夸赞，如果家长话太多，反而会让猫咪搞不清楚状况。

3. 猫咪可以通过人类不同的语气识别我们的意思，所以夸赞的时候，一定要记得充满情感、语气温柔。冷冰冰的夸赞词，人和猫都不受用。

第三章

用训练的方法
建立有效沟通

如果你带回一只非常胆小的猫，想跟它缩短距离、建立信任，最好的方式便是响片训练。等猫咪不再害怕新家，开始自由活动、与家长互动时，它已经明白"咔嗒"出现时的行为是需要它重复的行为，这会让之后的养护工作变得更容易。

如何向刚见面的猫咪介绍自己

在自然界中，猫咪既是捕猎高手，也是其他动物的猎物，这一特性导致它们天生就是高敏感动物，环境稍有变化，它们就会快速进入警觉状态。在面对陌生人或是任何一种体形比它们高大很多的动物时，为了自身安全，它们会本能地进入防御状态——保持临界距离，必要时马上逃跑和躲藏。

因此，当我们把一只没有充分社会化的猫咪带回家时，它会快速躲进沙发下，不吃不喝也不动，这个过程或许会持续很多天。

很多家长在面对这样的情况时通常会很担心，趴在地上伸手去抚摸它，试图用语言安慰它，或是不停地变换食物等，但这些方法往往都不奏效。

让我们换个角度思考一下：

如果有一天，你在路上被外星人抓进了宇宙飞船，面对比你高大数倍、长相也和地球人完全不一样的外星人时，你也会本能地找个狭小的空间躲藏起来，动都不敢动，生怕被发现。如果这个狭小空间的出口处总有一张怪异的脸看向你，伸出巨大的巴掌触碰你，并说着你完全听不懂的语言，你也会想对着它大喊大叫，又抓又踢。即便外星人给了你一杯奶茶，你也会因为害怕而选择不吃不喝。

外星人要怎么做，才能赢得你的信任，让你不再害怕它呢？

你要怎么介绍自己，才能让陌生猫咪愿意主动靠近你呢？

快速又有效的方法只有一个——学习猫咪普通话，让猫咪理解你的善意，它才能放下恐惧。

第一阶段：熟悉新环境

在建立沟通之前，猫咪首先要熟悉环境，确认新环境不会出现危险。这样的安全感来自自我掌控：我想躲藏的时候没人可以看见我；我想逃跑的时候也没人可以抓住我；当我想和对方保持距离时，没人可以靠近我。

所以，当你准备带一只陌生小猫回家时，应该提前给它准备一间单独的房间。房间里有可以躲藏的掩体，有可以逃跑的通道，它的猫砂盆和水碗要安置在距离房门很近的位置（但要注意开门时不会被撞到），方便你一进门就能处理猫砂和添加饮用水，房间里最好配备监控，方便随时查看。

当你把猫咪接回家后，请把它连同航空箱一起放到远离门的区域。打开航空箱后，你就可以出去了。

如果是一只非常胆小的猫，它可能需要花一两天甚至更长的时间躲藏起来观察，确认没有危险了，才会开始探索新环境。房间里不要摆放食物，因为猫咪在紧张和害怕时是无法进食的。食物是建立沟通的重要工具，等猫咪确认过环境、不再那么害怕了，它才会有胃口进食，我们才能和猫咪开始建立沟通。

在猫咪躲起来观察的这段时间里，家长可以通过监控来查看猫咪的状态，尽量避免频繁进出房间。如果猫咪马上从航空箱里出来探索，身体姿态逐步变得从容，说明它是一只社会化程度较高的猫咪。但如果它一直躲在掩体中，说明它非常害怕，那后面的步骤我们需要非常缓慢地进行。

第二阶段：认识单词——响片与奖励

建立沟通前，我们需要教会猫咪认识单词和简单的句型。如果你面对的是一只非常胆小的猫，你可以等待三四个小时后，带上 5 颗猫粮和响片进入房间，注意把你的所有动作都放到最轻最慢，关上门后先看看猫咪躲在哪个地方，然后让猫咪听到第一个词——按响片，再让猫咪看到第二个词——把干粮扔到它的附近。如果猫咪现在非常害怕，它就不会去吃。不用担心，我们现在的首要任务是让猫咪放松，并教会它认识第一个短句——"按响片—扔猫粮"。你连续做 5 次"按响片—扔猫粮"后，就可以轻轻地出去了，这期间不要说任何话以免干扰学习。

"按响片—扔猫粮"这个行为需持续很多天。要注意的是，在此期间，你要确保每次进入房间时，都只停留在门口，在猫咪没有主动靠近前，你不能直接走进房间深处，更不能靠近猫咪。这是因为动物在面对害怕的对象时，会和对方保持一定的临界距离。每只猫的社会化程度不一样,所需要的临界距离也会不一样。假如你家猫咪的临界距离是2米,只要你和它保持2米的距离,它就不会太恐惧,也不会逃跑。但如果你们的距离缩短到1.9米时,它的恐惧就会增加,可能会迅速逃跑和躲藏。下一次它再看见你时,临界距离很可能会增加到2.1米。如果你希望缩短临界距离,就把主动权交给它。

离开房间后,你可以通过监控看看在你离开多久后,猫咪吃掉了你留下的猫粮。如果是非常胆小的猫咪,很可能连续一两天都选择"绝食"。在高度紧张的情绪下,吃不下去东西是很正常的,如果这个时候抓它去医院,反而会增加它的恐惧。你只需要每隔4～5个小时,带几颗猫粮进去,重复"按响片—扔猫粮—离开房间"即可。

当猫咪的紧张情绪逐步缓解后,它会在你离开后进食,甚至开始在夜深人静时到处溜达。这是一个非常大的进步,说明它现在已经知道了这几件事:

1. 这个环境是安全的,是没有未知伤害的。

2. 在我感觉到威胁时，我有足够多的掩体和通道供我躲藏和逃跑，我在这里是安全的。

3. 偶尔会有一个人进来，但他不会伤害我，他尊重我的情绪和选择，不会主动靠近我。

4. 我从人类那里学会了两个词语——响片和奖励。这两个词语构成了一句话——"咔嗒"声后，人类会把食物扔给我。

第三阶段：缩短临界距离

如果猫咪在你离开房间后马上就吃猫粮了，那你就可以在每一组"按响片—扔猫粮"后等待一分钟，看看猫咪能不能当着你的面进食。如果猫咪再次吃掉了猫粮，之后每次进入房间后的步骤就可以变成：按响片，然后把猫粮扔到距离你更远的地方，猫咪吃完后往你的方向走一步，再按响片，然后把猫粮再次扔到远处，等猫咪吃完后往你的方向走两步，再次按响片。

不要试图把猫粮扔在离你很近的位置，食物引诱会导致猫咪出现矛盾心理——"我很想吃，但我很害怕"，这样反而会增加猫咪的情绪压力。把猫粮扔到离你更远的地方，它会放心地过去吃，吃完转身往你的方向走，这时按响片，是在鼓励它主动靠近你的行为，即使这个距离还很远。

在此期间，猫咪会越来越放松，进食量也开始增加，你可以开始增加投喂频率和猫粮数量，从每次带 5 颗增加到 10 颗，从每隔 4～5 个小时一组，增加到每隔 2～3 个小时一组。同时你要注意观察猫咪每次走向你时的身体语言，如果越来越放松了，响片也要灵活调整。比如上一次猫咪在距离你 2 米的位置听到了响片声，在 2 米附近或 2 米以外吃到猫粮后，当它开始再次往你的方向移动时，如果它背部平直，自然放松，你就可以等到猫咪走到距离你 1.5 米的位置时再按响片和扔猫粮，用这样的方法去逐步奖励它的每一次主动靠近。

有的时候，你可能会发现猫咪停滞不前。比如它走到1米的位置就不再继续了，不要灰心，比起它在最开始的2米外躲藏，这已经是非常大的进步了。你继续把猫粮扔远，在1米的位置按响片，重复几次后，猫咪会继续往前，逐步来到你的身边。

如果这一阶段能够顺利进行，过不了多久，当你一进门，猫咪就会主动跑到你身边，甚至开始用脸颊、腰部磨蹭你的腿了。只要猫咪主动触碰你的身体部位，就说明你们之间已经没有临界距离了。到了这一步，即使面对的是一只非常胆小的流浪猫，你也给它留下了非常友善的印象，和它建立了信任基础。同时，猫咪已经了解到以下几点：

1. 这是一个既安全又自由的环境。

2. 我的家长对我非常友好，他不会伤害我，他一直在喂养和照顾我。

3. 即使我在他的身边活动，我仍然有选择离开的权利，他给了我极大的尊重，我很喜欢他。

你还可以在此期间增加一个新的单词——夸赞，在每一次按响片的同时，或是猫咪吃零食的同时，用你最温柔的声音去夸它。夸赞的词可以很简短，但要确保你每次说出来时语气和音调都是固定的。当猫咪把夸赞的词和吃零食关联在一起时，你也可以在训练中间歇性地用夸赞替代零食（但夸赞的奖励效果永远不如零食）。

接下来，我们要和猫咪一起学习更多的词语和句式，建立更加有效的沟通。

Tips:

1. 当你把一只陌生小猫带回家时，如果一开始就用响片训练的方法向猫咪做自我介绍，不但可以快速建立起猫咪对你的信任，也能同时完成响片训练的初步建立，即"咔嗒"声后有零食。

2. 如果你的猫咪早已和你熟悉，你也可以在每次饲喂时，先按响片，再给它食物。

3. 只有在猫咪明确知道响片后面会有奖励出现后，沟通才会变得更简单。

学习肯定句

如果你想教会猫咪做一些有趣的小动作，或是你希望猫咪变得乐于合作，愿意配合你完成一些它不那么喜欢的事，比如洗澡，那肯定句的使用就非常重要。

在学习肯定句之前，要确保猫咪已经认识了最基础的句型——"咔嗒"声后有奖励。接下来，我们要让猫咪知道，"咔嗒"声不是随机出现的，而是和它做出的主动行为有关联性，也就是说，我们需要把"响片—奖励"修改为"行为—奖励"。

你需要重新复习一遍猫咪普通话的沟通技巧——行为ABC：

A——antecedent：行为发生的前因、条件（猫咪注意到的刺激，包括人、物）。

B——behaviour：猫咪做出的行为。

C——consequence：行为发生后的结果（满足或痛苦）。

同时，你也需要牢记猫咪普通话中的语法肯定句：

正增强：某个行为出现后，就能得到想要的结果，以此方法来增加这个行为的发生率。

另外，我们需要猫咪完成的行为，一定是猫咪本身就会的，比如走路、跳跃、坐下、躺下、抬手……毕竟，即使沟通再顺畅，你也无法让猫咪学会打扫卫生。

让我们先从肯定句中最简单的"轻松聊天"开始吧。

轻松聊天

我们需要复习一下之前讲词语时提到的唤回训练。因为这是所有训练的基础。

首先,你要准备好响片和奖励,还要准备好一个固定的A——行为发生的前因。A是一个可以让猫咪注意到的刺激,这个刺激可以是你做出的手势,也可以是一个人类世界的词语(比如"过来")。

最开始,你可以来到猫咪身边,伸出手指,把你的指尖停留在距离猫咪鼻尖非常近的位置,大约2厘米,手指即唤回中的A。在猫咪的世界中,两只非常熟悉的猫咪见面时,会采用鼻尖碰鼻尖的方式向对方问好。所以,当猫咪注意到你的手指时,也会非常容易出现用鼻子靠近、触碰指尖的动作,当这一行为出现时,及时地按下响片,给猫咪一块好吃的零食。等到猫咪吃完后,重复练习。

近距离触碰手指四五次以后,你可以开始逐步拉远距离,指尖距离鼻尖的距离从最开始的 2 厘米左右，逐步拉远到 1 米。在这个过程中，每一次拉远距离的前提，一定是上一段距离中，行为完成的成功率非常高——猫咪一看见手指，就毫不犹豫地靠近并触碰。

当你发现无论距离猫咪有多远，只要它能看到你伸出的手指，就会愉快地跑到你身边完成触碰的动作时，说明猫咪已经非常熟练了。

假如你希望猫咪能够听懂人话，你可以在猫咪每次靠近你时，都说一句"过来"，等到猫咪来到身边时及时按响片并给奖励。多次重复后，就可以不用手势了。

在上述练习中：

A：当猫咪注意到你给出的提示——这个提示可以是它看见你做出的手势（伸出手指），也可以是听到你说出的话（"过来"）。

B：猫咪做出了相应的行为——来到你的身边。

C：猫咪获得了相应的结果——得到爱吃的零食。

猫咪就会意识到，只要它做出某个行为——来到你身边，就会得到想要的结果——获得爱吃的零食。于是,行为就会重复——猫咪看到／听到提示,就会来到你身边(正增强)。

是不是很简单?只要你掌握了与猫咪有效沟通的技巧(行为ABC),灵活使用猫咪普通话的语法(肯定句),就可以创造出更多的有效沟通,让猫咪重复更多你需要的行为。例如:

如果你想教会猫咪坐下,那就在它准备坐下的同时给出新的手势或说出"坐下"(A),在猫咪坐下的动作(B)完成的一瞬间,按响片并给奖励(C)。反复练习后,当你用手势或声音提示猫咪,它便会完成坐下的动作。

接下来,我们把难度稍微提升一点,借助一些小道具,教会猫咪更多动作。

你可以把猫咪喜欢的小玩具放在手里,把手伸到猫咪身前,吸引猫咪伸手拍打。当猫咪挥动爪子碰到玩具或是碰到你的手掌时,按响片并给奖励。多次练习后,只需要伸出你的手掌(A),猫咪就会把爪子搭上来(B)。

我们也可以在同一类型的训练中,演变出更多动作。

猫咪已经明白触碰你的手心就能获得奖励,当你的手掌停在猫咪的胸口正前方时,猫咪就学会了握手。

如果你把手掌立起来，停留在猫咪面部的正前方，它就学会了击掌。

如果你的手停留在猫咪的脑袋上方，猫咪不得不站起来才能触碰到，它就学会了站立。

总的来说，"轻松聊天"就是利用响片训练去教会猫咪一些有趣又简单的动作，这些动作本来就是猫咪经常做的动作。你只需要在目标动作出现时及时按下响片，给出零食，多次重复训练的同时加入手势或声音的提示，就能训练成功。

为了让"聊天"变得更简单，让我们把训练变成一个公式，以教会猫咪走进指定的区域为例，我们把整个过程拆分为几个小细节：

a——猫咪看向猫窝；

b——猫咪走向猫窝；

c——猫咪触碰猫窝；

d——猫咪踏上猫窝。

"轻松聊天"的公式为 a+b+c+d。"按响片—给奖励"的行为从 a 开始，逐步往 d 移动，即：

a 按响片—给奖励

a+b 按响片—给奖励

a+b+c 按响片—给奖励

a+b+c+d 按响片—给奖励

如果你想加入声音的提示，可以在这些细节中插入，即：

a+b+"猫窝"+c+d 按响片—给奖励

多次重复后，把提示移到动作发生之前，即：

"猫窝" a+b+c+d 按响片—给奖励

当训练变成公式后，思路就会变得更加清晰。你只要掌握了要领，套用公式，就能训练出更多你想要的动作。是不是很简单？

这些有趣的轻松聊天式的互动游戏，不但可以让猫咪更加喜欢待在家长身边，还能让猫咪的生活充满乐趣。如果你希望猫咪乐于配合你完成更多的养护工作，就需要进行深度沟通。

Tips:

1. 响片训练不能太贪心，如果训练时间过长，会导致猫咪失去兴趣。尽量把每一次训练控制在1～2分钟内结束，每天可以重复多次，训练才会变得轻松又有效。

2. 和猫咪逐步拉远距离的训练，可以让猫咪更牢固地记住动作，你可以在上一次"咔嗒"后，把零食扔远一些，猫咪追逐零食的时候，便会自然地拉开距离。

3. 猫咪是否愿意配合训练，很大程度来自它是否有强烈的动机，猫咪爱吃的零食便是这个动机，如果猫咪任何时候都能获得零食，动机就会降低。因此，用于训练的零食一定要非常"可贵"，不训练的时候不喂，只有在训练时才会出现。

深度沟通

在"轻松聊天"里,如果我们保持每天重复训练,就会形成条件反射——当某个特定条件出现时(比如听到家长说"过来"),猫咪就会马上做出对应的反应(来到家长身边)。

条件反射有的是先天的,我们称为无条件反射,比如遇到危险时会逃跑或战斗,浸入水中会恐惧。无条件反射是不需要学习的自然的反应。有的条件反射是后天经过学习形成的,比如前文提到的唤回训练。

在深度沟通中,我们通过一系列全新的体验,逐步消除了猫咪先前的无条件或条件性反射。通过这一过程,我们教导猫咪在面对与其厌恶或恐惧相关联的刺激时,摒弃过去所展现出的抗拒、挣扎与抓咬的旧有行为模式,转而展现出安稳、配合与不再畏惧的新反应。这就是脱敏训练。

在开始之前,针对需要脱敏的事件,我们需要结合行为ABC做出详细的分析:

1.猫咪面对什么样的刺激（A）会感到害怕或厌恶？

2.猫咪在面对这个刺激时,会做出哪些反应(B),如果1～10分中,分数越低代表猫咪越安稳,分数越高代表猫咪的反应越大,你的猫咪可以打几分？

3.猫咪面对这个刺激（A）时,做出的反应如此强烈（B）,原因是什么？是先天就会害怕的无条件反射,还是后天习得的条件反射？如果是后天的,学习过程是什么？

4.猫咪做出了相应的反应（B）,对于它来说,获得了什么样的结果（C）？

例如，有朋友来访，猫咪因为害怕陌生人，就会躲到沙发下。如果我们希望让猫咪放松，甚至乐于与陌生人互动，就需要对猫咪进行脱敏训练。对此，我们做出如下分析：

1. 猫咪面对陌生人（A）时会感到害怕。

2. 陌生人来家里时，猫咪就会躲到沙发下（B），直到陌生人离开才会出来。猫咪面对陌生人的反应是躲藏，但没有恐惧到发抖甚至失禁，所以分数是7~8分。

3. 猫咪害怕陌生人的原因有很多，比如猫咪在幼年时期没有针对陌生人进行过社会化训练，这是先天的无条件反射。再比如，曾经有陌生朋友到访时，在猫咪抗拒的状态下把它强行抱起来，即使猫咪反抗，也无法逃离。在这个过程里，猫咪学习到"陌生人会对我做出不友善、不尊重的举动，只有在他靠近我之前就躲起来，才能确保安全"，这是后天的条件反射。

4. 猫咪在学习的过程中发现，如果不躲藏（B1），很可能会被陌生人抓住（C1），这个结果是令它不悦的；只有躲起来（B2），才能达到不被陌生人接触（C2）这一预期。

接下来，我们可以根据分析的结果来做一个详细的脱敏计划。

让猫咪产生躲藏行为的原因是 A——陌生人到访。因此，我们的目标是改变猫咪对 A 的认知。

脱敏的第一步，是让猫咪对 A 的反应从 7~8 分降低到 3~4 分。因此，如果猫咪躲藏（B2）的原因是 A，即陌生人在过去出现的主动行为（强行抚摸、搂抱）给了猫咪不好的体验（C1），那改变的前提一定是 A 停止这些让猫咪反感的行为，从主动变为被动，即 A 来到家里后，不再主动接近、抚摸、抱起猫咪。当猫咪发现 A 的存在不会再产生不好的结果（C1）后，不良反应就会开始下降。

A 不再对猫咪做出主动行为后，如果增加一些好的体验，比如只有在 A 出现时，猫咪才能获得平时吃不到的最喜欢的零食，它就会把 A 关联成有好事发生的良性刺激。猫咪对待 A 的不良反应也会从 3~4 分继续降低到 0 分。

保持训练，猫咪对 A 的认知就会从厌恶变成喜欢。未来，每一个 A（陌生人）出现时，猫咪就会由躲藏（B2）变成自由活动、友好地打招呼（B3），因为新的行为模式（B3）为猫咪带来的结果（C3）让猫咪感到愉悦和满足。

简单来说：A1 的行为（在猫咪不愿意的情况下抚摸、搂抱）导致猫咪产生 B2 的行为（躲藏），目的是避免出现 C1 的结果（被陌生人抓住）。

脱敏第一步：把 A1 的行为变成 A2 的行为（不主动靠近和触碰猫咪），从而促使猫咪产生 B1 的行为（不躲藏），目的是获得 C2 的结果（即使有陌生人在，也可以安全地自由活动）。

脱敏第二步：把 A2 的行为变成 A3 的行为（陌生人利用响片训练的方法向猫咪做自我介绍），猫咪就会出现 B3 的行为（主动接近陌生人，与陌生人互动），目的是获得 C3 的结果（靠近陌生人，就会有特别喜欢的零食）。

脱敏成功：只要反复训练 A2 和 A3 的行为模式，猫咪就不会再因为陌生人到访而躲起来，还会做出更多的友好行为。

我们从上述的分析和计划中能够看出，如果猫咪躲藏的时候被强行抱出来，猫咪对 A 的体验会越来越糟糕，躲藏的行为也会更加牢固，只有改变 A，猫咪的行为 B 才会改变。所以脱敏训练的原则是改变猫咪对 A 的体验，而不是直接改变 B。

接下来，让我们把深度沟通进行得更加顺畅吧！

亲爱的猫咪，我想为你介绍我的人类朋友

第一阶段：消除不良印象

如前文所述，想要改变猫咪对某个刺激的体验，首先应当消除这个刺激在过去给猫咪形成的不良印象。因此，如果你非常希望你的猫咪成为一只大方自信、愿意与陌生人互动的猫，你需要花一段时间经常邀请朋友到访。

猫咪是非常敏感的动物，它们会对陌生人的大声说话及过快的肢体活动保持警惕。因此，在朋友来访前，应提前沟通好，请朋友进家后尽量轻声细语，肢体动作也要尽量轻柔缓慢。

猫咪感到害怕时，喜欢到一个没人能看到它但它能看到或听到外部情况的空间里，这样它才能感到安全。因此，如果猫咪躲藏起来了，不要去打扰它，不要叫它的名字，更不要去寻找、探望它。脱敏，一定是在猫咪没有那么害怕或不安时，才会顺利进行。

这可能需要每天都有朋友到访，持续一周以上，等到猫咪开

始意识到"即使有陌生人存在，我也是安全的"，它才会悄悄出来活动。

最开始，它可能会远距离偷偷观察，慢慢靠近。你和朋友要继续保持轻言细语，减少肢体活动，直到猫咪的背部平直、四肢伸展、完全放松地自由活动，这一阶段才算成功。

第二阶段：建立良好印象

当朋友再次来到家里，猫咪不再躲藏后，我们便可以开始帮助猫咪建立新的体验了。通过前文的学习，你已经知道如何向陌生猫咪做自我介绍，所以这一阶段就会变得非常简单——缩短猫咪与朋友之间的临界距离。

准备好猫咪爱吃的零食和响片，和朋友一起坐在沙发上观察猫咪，每次猫咪看向朋友时，按下响片，由朋友把零食扔到猫咪身后。重复三四次后，等到猫咪朝着朋友的方向迈出第一步时，重复"按响片—给奖励"。几次后，响片需要提前按在猫咪想要靠近时。

缩短临界距离的训练可能需要重复几天，但只要保持训练，猫咪就会来到朋友身边。我们便可以进入下一阶段。

第三阶段：友好互动

当猫咪可以在朋友身边轻松、自在地活动，甚至主动做出磨蹭朋友腿部的动作时，你可以教会你的朋友与猫咪来一场"轻松聊天"，也就是前文提到的握手、击掌等。如果你的朋友想要抱抱猫咪，我们也需要针对"被陌生人抱"来完成脱敏。

提前准备好可以让猫咪保持舔舐的零食，比如一根猫条，当猫咪靠近陌生人，做出磨蹭的动作时，把猫条给它吃，同时抚摸它，拿走猫条时，抚摸的手也要拿开。一开始时间不要太长，摸一下就停，观察猫咪的反应，如果它马上走开了，就要结束。等它再次来到身边，做出磨蹭的动作时，重复喂猫条的同时抚摸，逐步延长抚摸时间。在这个阶段，每次抚摸都发生在猫咪的磨蹭动作出现时，即"猫不摸我，我不摸猫"。

如果想要抱起猫咪，就要在喂猫条的同时，把手轻轻放在猫咪胸口位置，停留两三秒后，手和猫条一起拿开。如果猫咪没有走开，下一次就可以在喂猫条的同时，把猫咪抱起来。

如果每一位来访的陌生人都能帮助我们一起使用猫咪普通话，频率越高，猫咪对陌生人的友好互动就会越多，最终成为一只"社牛"猫。如果有一天，猫咪不幸生病了，做好了陌生人脱敏训练，看诊压力也会大幅度降低。

不过，如果对外出还没有脱敏，去医院的压力仍然不小，猫咪还需要先适应外出。

亲爱的猫咪，让我们一起去散步吧

在我们的印象中，猫是室内动物，户外刺激太大，猫咪可能会应激。但事实上，所有原始的、没有完全进入人类家庭的猫咪，都生活在户外。即使是家养猫，在猫砂发明出来之前，它们也是自由进出家门的，会去户外排便、游走、捕猎、社交。猫咪完全生活在室内的历史，只有短短几十年，它们的天性并不会改变。没有任何一个物种是只能生活在室内的。

因此，即使你的猫咪从出生到现在从来没有接触过户外，我们也可以让它们循序渐进地接触大自然，这虽然需要花一点时间，但并不会太困难。

第一阶段：适应户外装备

带猫咪外出之前，我们需要先和猫咪一起，在家里完成一场"深度沟通"。

适应穿戴胸背

准备好响片和零食，按下面的步骤进行训练。

1. 把胸背松散地拿在手上，轻轻摇晃引起猫咪的注意，当猫咪看向胸背时，按响片并给奖励。

2. 当猫咪嗅闻胸背时，按响片并给奖励。

3. 当猫咪用背部磨蹭胸背时，按响片并给奖励。

4. 把胸背轻轻搭在猫咪背部，按响片并给奖励。

5. 换上可以持续舔舐的猫条，在猫咪吃的时候，扣上胸背卡扣。

虽然只有简单的 5 个步骤，但每一个步骤都需要重复多次，直到猫咪没有任何抗拒，身体姿态自然，才能进入下一步。在第四步和第五步时，开始时间要尽量短，慢慢增加时长。比如胸背搭在背部 1 秒后马上收走，食物也要同时收走，如果猫咪没有抗拒，下一次可以延长到 3 秒，直到扣上卡扣后，猫咪的背部仍然可以保持平直，猫咪不会做出下压、翻滚、踢踹的动作。

适应牵引绳

当猫咪适应穿戴胸背后，就可以扣上牵引绳。为了让猫咪更快适应，你可以陪它一起玩逗猫棒，也可以和猫咪完成一些例如握手、击掌、跳跃的"轻松聊天"，让猫咪的注意力集中在游戏里，逐渐适应身后的牵引绳。

适应航空箱

准备好响片和零食，按下面的步骤进行训练。

1. 打开航空箱，当猫咪看向航空箱时，按响片并给奖励。

2. 当猫咪靠近航空箱时，按响片并给奖励。

3. 当猫咪半个身子进入航空箱时，按响片并给奖励。

4. 当猫咪完全进入航空箱时，按响片并给奖励。

5. 猫咪进入航空箱，等待 3 秒后，按响片并奖励。

6. 猫咪进入航空箱，等待 10 秒后，按响片并给奖励。

7. 猫咪进入航空箱，关上航空箱门，按响片并给奖励，再把门打开。

8. 猫咪进入航空箱，关上航空箱门，3 秒后，按响片并给奖励，再把门打开。

9. 逐渐延长猫咪在航空箱里的时间，如关上门1分钟后，按响片并给奖励。

10. 拎起航空箱后马上放下，按响片并给奖励。

11. 拎起航空箱走动，按响片并给奖励。

和所有脱敏训练一样，每一次进步，一定是在上一步中猫咪已经完全呈现自然放松的状态后发生。航空箱训练中，1～6步都要把奖励物放在航空箱外，让猫咪出来吃，才能为下一次进入航空箱创造条件。

直到猫咪适应了所有外出装备后，我们就可以准备出门了。

第二阶段：适应户外

家门口的训练

如果你的猫咪是一只救助回来的、曾经可能受过伤害（如虐待、车祸等）的流浪猫，或是从来没有进行过良好的社会化训练、没有出过门的猫，可以先在家门口完成出门脱敏，这也能激发猫咪更多的探索欲望。

1. 为猫咪穿戴好胸背、扣上牵引绳，将牵引绳拉直，让其长长地拖在猫咪身后，家长不要拉紧牵引绳。

2. 每天都打开大门，如果猫咪不出去，而待在远离大门的位置，等待 20 ~ 40 分钟，关门，结束今天的训练，明天继续。

3. 直到猫咪开始探头探脑，逐步走出家门，就可以扔一颗零食到稍远的位置。无论猫咪是否去捡，都不要干涉，如果猫咪吃了零食，再扔下一颗。

4. 猫咪可能会突然冲回家，或是趴在地上不动，或是对家长喵喵叫，或是在地上打滚，家长都不要干涉，也不要发出声音，只需在猫咪一步步往外探索时，用轻声的夸赞和零食给予鼓励。

5. 当猫咪越来越大胆，走出去的距离越来越远，甚至出现跑跳的动作时，家长就要拉好牵引绳了。

外出的训练

我们可以用航空箱带猫咪出去，也可以直接拉着牵引绳，跟随猫咪一起探索。如果你打算使用航空箱，可以这么做：

1. 到目标区域后，把航空箱放在没有太阳直射的遮挡物旁边（如灌木丛旁），打开航空箱门，将牵引绳拉直放在地上。在猫咪可以在户外安心地自由行走前，家长可以不拉紧牵引绳，过度控制牵引绳反而会让猫咪更紧张。家长只需要站在牵引绳末端，等待猫咪自行决定是否或何时走出航空箱。

2. 最初几次，猫咪很可能不敢出来，等待 40 ~ 60 分钟后，就可以带猫咪回家，下次继续。

3. 当猫咪开始悄悄探出身时，别忘了用温柔的语气鼓励它，特别胆小的猫咪，很可能会躲藏到周围的灌木丛中，不用担心，你只需要安心等待，猫咪发现附近没有危险时就会出来。

4. 如果担心等待的时间太长，可以选择夜晚遛猫，猫咪非常清楚，黑夜是最好的保护色，几乎所有的猫咪在夜间的活跃度和放松度都会高于白天。

5. 当猫咪越来越放松，开始到处游走和探索时，家长就要拉好牵引绳。

6. 有时候猫咪可能只会在一个很短的距离内反复地来回嗅闻、磨蹭，或是感到危险时躲进灌木丛，家长只要跟随它、陪伴它、等待它就行，不要强行拉拽牵引绳，更不要试图让猫咪遵照你的路线。猫和狗不一样,猫咪出门的目的是自由探索而非跟随家长。因此,我们更多时候只是陪伴猫咪,让它们自由选择行走区域。

至此,外出训练全部完成。如果你每周都能花2~3天的时间陪猫咪外出散步,同时为猫咪做好了陌生人脱敏训练,猫咪在医院就诊时的压力就会大大降低。

遛猫可以满足猫咪更多的基础需求,它们可以在户外尽情地游走、巡视、扩张领土,充分运用感官去感受大自然,对于需要减肥的猫咪来说,也是一项有益的运动。

如果你担心猫咪外出会使毛发变脏,那么接下来,让我们一起为猫咪洗澡和吹毛进行脱敏训练吧。

Tips:

1. 开始遛猫的最佳年龄是 1 岁以下。1～3 岁的猫咪，家长需要花较长时间做好前期准备，3 岁以上的猫咪，家长需要在外出脱敏训练上花更多的时间。

2. 理想的遛猫环境是远离机动车、远离狗狗和小孩、有较多灌木丛作为掩体的户外空间。

3. 理想的遛猫时间是夜晚，要避开炎热的午后，以防猫咪中暑。

4. 对于猫咪来说，最舒适也最容易脱敏的胸背是较少接触猫咪身体的，如 H 形胸背。

5. 牵引绳的长度应该在 3 米以上，当猫咪想要奔跑时，长长的牵引绳有足够的缓冲距离，突然被勒住容易让猫咪受到惊吓。

6. 如果遇到狗狗，尤其是没有拴绳的狗狗，一定要尽快把猫咪抱起来后远离，不要给狗狗站起来扑你（和怀里的猫）的机会。这对猫咪来说是非常大的刺激，猫咪在这个时候非常容易挣脱逃跑。

7. 外出时如果需要乘车，需要提前对乘车进行脱敏，否则外出脱敏很可能会因为猫咪对乘车的恐惧而失败。

亲爱的猫咪，让我们做个美容吧

猫咪的皮肤非常薄，触觉敏锐，再加上对水和巨大噪声的本能恐惧，洗澡和吹毛的困难度就更高。如果不脱敏就直接洗澡和吹毛，猫咪是非常容易应激的。

洗澡的脱敏训练

成年猫洗澡的脱敏训练是不容易的，可以在洗澡脱敏前1.5小时遵医嘱让猫咪服用一颗0.1g的加巴喷丁，用药物帮助它们放松（肾脏功能异常的猫慎用，对加巴喷丁过敏的猫禁用）。加巴喷丁可以抑制兴奋性神经传导物质的释放，能够让猫咪在面对害怕的事情时舒服一些。

1. 准备好一个空浴缸，当猫咪看向浴缸时，按响片并给奖励。当猫咪用身体部位触碰浴缸时，按响片并给奖励。当猫咪主动跳进浴缸时，按响片并给奖励。当猫咪一看见浴缸，为了获得奖励，就会迫不及待地跳进去时，进入下一步。

2. 在浴缸中放一点点水，当猫咪跳进浴缸时，按响片并给奖励。在浴缸中和猫咪做一些握手、击掌的小游戏，直到猫咪不在意现在的水量后，进入下一步。

3. 逐步增加浴缸中的水，每增加一点，都需要重复第二步，直到猫咪不在意当下的水量后，再次加水。

4. 当水量完全淹没猫咪的脚掌，并且猫咪已经完全接受时，将少量的水淋在猫咪身上，再按响片和给奖励。在猫咪适应的情况下，重复淋水。直到猫咪完全不介意水淋在身体的任何部位时，进入下一步。

5. 把零食换成猫条，打开花洒，从最小水量开始，打开花洒的时候吃猫条，关闭花洒时拿开猫条。在这一步中，水不要淋到猫咪身上，我们要先让它适应水流的声音。在猫咪接受的状态下逐渐增加水量，直到水量开到最大，猫咪仍然可以安稳地吃猫条后，进入下一步。

6. 当猫咪主动进入浴缸时，按响片并给奖励。打开花洒，喂猫咪吃猫条的同时，将水淋到猫咪的尾巴上，持续两三秒后，猫条和花洒同时离开猫咪。在猫咪接受的状态下，逐步延长时间并增加淋水面积，直到全身淋湿，猫咪仍然情绪平稳后，进入下一步。

7. 用少量的浴液涂抹在猫咪身上，同时给猫咪吃猫条，搓揉两三秒后，手和猫条同时离开。在猫咪接受的状态下，逐步延长搓揉的时间，直到全身都涂抹上浴液，猫咪仍然是安稳状态后，脱敏成功。

吹毛的脱敏训练

由于吹风机的噪声很大，吹毛的脱敏训练要先从噪声脱敏开始，等到猫咪不再害怕吹风机的噪声后，才能开始脱敏吹毛。

1. 打开吹风机，观察猫咪的临界距离，如果猫咪只敢在距离吹风机1米外的区域活动，训练就要从这个位置开始。

2. 把吹风机想象成陌生人，用同样的方法缩短临界距离。打开吹风机，风筒朝向猫咪所在区域的反方向，不要让风吹到猫咪身上。在1米外的区域和猫咪做一些诸如坐下、躺下等轻松聊天式的响片训练，给零食的时候，要往1米以外的地方扔，提供猫咪主动走向吹风机方向的机会。直到猫咪行动自如，姿态放松，下一次就在距离吹风机 80 厘米的位置完成响片训练。每次缩短距离，都是基于猫咪在前一距离时已经放松安稳。直到猫咪已经不再恐惧吹风机的噪声了，可以在打开的吹风机附近完成动作时，才可以进入下一步。

3. 打开吹风机，把风筒朝向猫咪所在方向，观察猫咪的临界距离。同样，如果猫咪只敢在距离吹风机 1 米外的区域活动，训练也要从这个位置开始。

4. 如同第二步，用"轻松聊天"的方式逐步缩短猫咪与风筒的临界距离，直到猫咪可以在打开的吹风机附近自由活动，它不再因为风吹到身上而感到抗拒后，进入下一步。

5. 打开吹风机，调到最小挡，将风筒朝向猫咪所在位置，用鼻尖碰手指的召唤方式把猫咪叫到风筒旁边，按响片并给奖励。用猫条作为零食，喂猫咪吃的同时，逐步向上移吹风机，让微风吹到猫咪身上，保持两三秒后，吹风机和猫条同时离开。在猫咪接受的状态下，逐步增加吹毛时长和受风的身体面积，直到猫咪完全接受最小挡的风量，吹任何一个部位时都表现安稳，进入下一步。

6. 打开吹风机，调到中挡，重复第五步。在中挡风量也完全脱敏后，把吹风机调到高挡，重复第五步。

至此，吹毛和洗澡的脱敏训练都完成了，你就不会再因为给猫咪洗澡而感到焦虑或担心，而猫咪也不会再出现应激反应。

Tips:

1. 在做洗澡的脱敏训练时，猫咪的毛经常都是湿漉漉的，如果没有脱敏吹毛，很可能洗澡脱敏也会失败。因此，在进行洗澡脱敏训练前，我们应该先脱敏吹毛。

2. 洗澡和吹毛的脱敏训练需要很长的时间才能成功，这是因为猫咪对水和巨大噪声的恐惧都是先天的无条件反射，再加上如果过去已经在洗澡和吹毛的过程中出现过过度紧张甚至应激反应，后天的条件反射也会形成。想要消退先天和后天叠加的恐惧，每一步骤都需要更长的时间才能完成。

3. 如果要使用烘干箱，同样需要循序渐进的脱敏。

和"轻松聊天"一样,"深度沟通"也可以用公式来理清思路:

以吹毛为例,我们把整个脱敏过程拆分如下:

A——对吹风机的噪声进行脱敏;

B——对不接触身体的吹风进行脱敏;

C——对全身吹风进行脱敏。

每一步脱敏,又可以细分成几个小步骤。

A 可以分为:

a——在不被风筒吹到、距离吹风机 1 米以外的距离进行响片训练;

b——把距离缩短到 80 厘米,继续进行响片训练;

c——把距离缩短到 50 厘米,继续进行响片训练;

d——把距离缩短到 10 厘米,继续进行响片训练。

B 可以分为:

e——在打开的风筒方向 1 米以外的距离进行响片训练;

f——把距离缩短到 80 厘米，继续进行响片训练；

g——把距离缩短到 50 厘米，继续进行响片训练；

h——把距离缩短到 10 厘米，继续进行响片训练。

C 可以分为：

i——用最小挡风吹尾巴；

j——用最小挡风吹全身；

k——用中挡风吹尾巴；

l——用中挡风吹全身；

m——用高挡风吹尾巴；

n——用高挡风吹全身。

所以，吹毛脱敏的公式：

a+b+c+d+e+f+g+h+i+j+k+l+m+n

在脱敏训练中，要牢记"慢就是快"，把单个事件拆分得越细，效率就会越高。例如，在距离的拆分中，你可以将 1 米缩短到 10 厘米的过程拆分成 10 个甚至 20 个小步骤（每一次只缩短

5～10厘米），或是在时间的拆分中，将吹毛1秒延长到1分钟的过程拆分成12～60个小步骤（每一次只增加1～5秒）。每一次进入下一步骤的前提，一定是猫咪已经接受了上一步骤。

只要家长可以提前做好计划，拆分好细节，始终根据猫咪的情绪状态保持训练，假以时日，脱敏就能顺利完成！

总的来说，"深度沟通"需要更多的时间和心思，这是因为我们需要先消退已有的条件反射才能建立新的条件反射。如同我们需要多次深度沟通才能了解某个人，猫咪也需要多次"深度沟通"才能放下恐惧，配合家长。虽然耗时耗力，但完成了"深度沟通"的猫咪，面对生活中大大小小的刺激时，会变得更加安稳和自信，家长的养护也会变得更轻松！

Tips:

1. 在脱敏训练开始前，分析一下猫咪对这个刺激的恐惧是后天形成的条件反应还是先天的无条件反应（相对来说更容易脱敏），又或是二者皆有（需要花更长时间才能脱敏）。这样可以帮助你安排好时间，做好计划，根据脱敏的难易程度拆分不同的细节（猫咪的恐惧程度越高，就要拆分得越细）。

2. 有的时候，脱敏的过程可能会出现反复或停滞，当你发现猫咪无法进步时，需要马上回到上一步，多次重复后再去尝试下一步。例如猫咪已经可以主动走进放了水的浴缸，但只要往身上淋水，就会马上逃走。接下来就要回到上一步，在放了水的浴缸里进行响片训练，重复几天后，再去尝试淋水。

3. 脱敏训练中，用温柔的夸赞配合零食鼓励和奖励猫咪，也会让训练变得稍微轻松一些。

学习否定句

当我们希望猫咪配合我们做出某个行为时，需要使用肯定句，当我们希望猫咪不要再做某些行为时，则需要使用否定句。使用否定句时，我们也要先分析这个行为是先天的还是后天习得的，根据不同的原因，进行不同的处理。

否定句中的替代法

有的猫咪非常喜欢与自己的家长互动，但它们无法通过人类的语言去判断互动的时机。比如，当你打开电脑准备工作或是翻开书本准备学习时，猫咪总会用身体挡住屏幕，甚至直接躺在课本上。当猫咪用反复出现在你眼前的方式来"刷存在感"时，如果你把它抱到地上，它会快速跳回到你眼前。还记得前文提到的行为 ABC 吗？从猫咪的角度来说：

"每当我看到你安静地坐在桌前（A），这温馨的画面让我想起了过去的经验（C），所以我再次站在你眼前吸引你的注意

（B），不出所料，你仍然用抱住我的方式和我互动（C），但我更希望你抚摸我，所以我再次跳回桌上（B），希望你能看懂我的信号，就算你仍然把我抱回地面，至少也是一种不太完美的互动（C），我会继续用挡住屏幕的方式刷存在感（B），直到我获得最满意的互动（C）。"

因此，如果你用抱走猫咪来表达"请勿打扰"，效果往往不会太好。但如果使用替代法，就会让双方的需求都得到满足。

猫咪的需求——被抚摸、挠痒，有零食那就更好了。

家长的需求——不受打扰的工作。

当猫咪来到桌上时，家长要暂时停下手中的工作，花5分钟时间完成"沟通"：

1. 当猫咪躺键盘、挡屏幕时，家长要做到不说话、不回应、不触碰、不搭理；

2. 当猫咪走到屏幕旁边时，立即柔声夸赞、轻轻抚摸、给予零食。

两个步骤只需要重复几次，猫咪很快就能理解："只有当我安静地待在这个特定的位置时（B），我才能获得我最满意的互动结果（C）。"

用安静陪伴的行为来替代"刷存在感"，沟通一旦成功，双方的需求就能同时满足。

另外，在面对一些猫咪与生俱来的、自然的、正常的行为时，我们是无法去否定的。就如同我们无法阻止一个无所事事的人找乐子，更不可能禁止一个尿急又找不到厕所的人随地大小便。因此，我们无法使用否定句告诉猫咪"请勿夜间跑酷""请勿尿床"，除非你能为猫咪提供更多更好的选择——例如，利用逗猫棒、遛猫、响片训练等方式刺激猫咪的感官，丰富猫咪的生活。

当猫咪白天变得忙碌，自然会在晚上选择休息，用目标明确的互动方式，替代夜间跑酷。又或是同时提供不同种类的猫砂与不同形式的猫砂盆，让猫咪自己选择属于它的五星级厕所，从而替代尿床行为。

亲爱的猫咪，请停止破坏家具

相信很多家长都曾因为猫咪抓沙发而感到苦恼，有的家长会在猫咪抓沙发时尝试用水枪喷猫或轻轻拍打等方法教育猫咪，结果往往只是当下把猫咪赶跑，第二天猫咪仍会抓沙发。

还记得吗？人类的大脑神经元是猫咪的 300 多倍，所以它们不能理解为什么抓沙发会挨打。这些人类以为的教育方式，轻则让猫咪误以为家长在和它互动，反而增加这些不当行为的发生率；重则伤害猫咪的情感，破坏人猫关系，得不偿失。

在消退某个行为前，我们要先思考一下，这个行为对于猫咪

来说是否具有功能性。要改变抓沙发的问题，我们就要去理解猫咪为什么喜欢抓挠，以及它们喜欢在什么样的地方抓挠。

首先，抓挠行为是猫咪的天性，也是猫咪的基本需求，其目的是拉伸背部肌肉，同时利用气味和视觉信号来展示自己的存在，抓挠过程中也可以顺便帮助老化的趾甲外层脱落。因此，它们会在不同的区域抓挠，如果猫咪想要拉伸背部，就会抓挠家具的平面部位；如果猫咪想要利用脚掌腺体留下气味或是利用爪子留下视觉信号时，就会抓挠家具的垂直面。因为具有功能性，所以抓挠行为是无法被消退的。

我们可以用替代的方法来保护家具。猫咪喜欢在睡醒时抓挠家具的平面部位，找到它喜欢的睡觉区域，铺上剑麻毯即可；猫咪喜欢在睡眠区以外的区域抓挠垂直面，找到这些区域，提供足够多的垂直猫抓柱即可。

铺在平面部位的剑麻毯，面积要足够大；垂直猫抓柱要足够高，至少要高于猫咪站立并伸直前肢的高度。

如果你难以区分猫咪的睡眠区和非睡眠区，也可以多观察：看到猫咪在抓哪个位置，就在哪个位置放置剑麻毯或猫抓柱。

凡是无法消退的和猫咪天性相关的具有功能性的行为，我们就要尽量找到替代的方法，这是否定句中比较容易实现的方法。而后天习得的与喜好相关的不良行为，是可以被消退的，我们只需要多花点时间和心思。

接下来，让我带领你一步步学会猫咪普通话中的"不"应该如何使用。

否定句中的消退法

使用消退法时，需要熟练运用否定句的语法：

负处罚：某个行为出现后，想要的结果被移除，以此方法来减少这个行为的发生率。

在开始学习消退法之前，我们要知道，猫咪无法通过人类的语言理解"不能咬人／不要吵我睡觉"的意思。我们可以使用改变认知的沟通方式去减少这些不当行为，但在这个过程中，猫咪很可能会因做出某些固有行为后，无法达到预期，出现更多、更加强烈的相似行为。因为消退某个行为而导致的行为爆发，是一个正常的、必经的过程，不用担心，我们只需要继续执行处罚即可。

例如，小朋友在课堂上想要回答问题时，会用举手的行为来向老师示意，如果老师每次都能注意到某个小朋友，同时允许他发言，甚至夸赞他的积极主动（正奖励），未来，这个小朋友举手的频率就会增加，这是正增强。

如果想要发言的小朋友太多，而老师忽略了经常举手的那个小朋友，那这个小朋友的举手频率可能会更高，肢体动作也会变得夸张，甚至可能嘴里不停地念叨"老师！老师！"，用更多的行为来吸引老师的目光，以达成被允许发言、获得夸赞（奖励）的动机。这就是因为消退（拒绝他的发言）导致的行为爆发（增加举手的频率）。

即使这个积极发言的小朋友肢体幅度再大、呼唤老师的声音再焦急，老师继续忽略他，仍然不允许他发言，一段时间后，他争取回答问题的积极性就会降低，最终不再尝试。这就是负处罚。

很多时候，猫咪和幼儿园的小朋友一样，它们的许多行为只是为了获得家长的关注，以求与家长互动。但更多时候，家长以为正在教育猫咪停止某个行为，但其实是在奖励这个行为。

例如，当你希望猫咪不要在餐桌上走来走去时，你对猫咪说"下去"，猫咪反而对你竖起尾巴，亲昵地喵喵叫。你以为猫咪可以听懂"下去"，而猫咪的理解却是"只要我站在餐桌上，家长就会和我说话"。

如果你把猫咪从桌子上抱起来，放到地上，你很可能会看到猫咪再次跳回餐桌，这是因为你以为猫咪能够理解"我不希望你待在餐桌上"，而猫咪的认知却是"只要我站在餐桌上，家长就会抱我"。

你发现了吗？你以为你在阻止猫咪做出某个行为，而事实上，猫咪却会因为这些无法理解的语言和动作出现认知偏差，把这些禁止信号误以为是奖励信号。最终，你不但无法消退猫咪的行为，反而因为错误的奖励，增加了这个行为的发生率。

因此，在使用替代法时，一定要站在猫咪的角度去理解你的行为，清楚区分肯定句（正增强）和否定句（负处罚），这样才能有效沟通。

亲爱的猫咪，请不要吵我睡觉

你是否每天早晨都被猫咪吵醒？有时是喵喵叫，有时是在床上"蹦迪"。你以为猫咪是饿坏了，却发现食物充足。工作日时，有这样的猫咪闹钟还不错，但周末可就睡不了懒觉了。这种服务甚至会越来越早，有时候凌晨两三点，猫咪就开始骚扰你了。

回想一下，在猫咪刚到家的那几个月，你似乎从没被这个问题困扰过，过去没有但后来出现的行为，就是后天学习的。那它是怎么学会的，又是从何时开始的呢？

或许你每天起床后都会立即给猫咪食物或抚摸它，和它说话。

或许某天被猫咪呼噜声吵醒，你亲昵地抱了抱它。渐渐地，当你习惯了呼噜声后，猫咪开始对你喵喵叫，如果你还不起床，它的动作就会变得越来越多。猫咪在日复一日的实践中意识到"如果我感到无聊，就可以去把家长叫醒"。

这就是猫咪的学习。就像在响片训练里，当猫咪无意识地坐下时，你给它了响片和奖励，多次重复后，只要猫咪想要获得零食，就会乖乖坐下。在生活中，当猫咪无意识地来到床上，或是对你喵喵叫，你和它说话就像响片的"咔嗒"声，你的抚摸、拥抱、喂食，哪怕只是起来走动，都和奖励一样。对于家养猫来说，来自家长的互动和回应，甚至和家长待在同一空间，都是奖励。

想要消退猫咪这些后天习得的行为，你需要移除奖励（你）。如果你渴望保证每天早晨的睡眠，那么接下来你要这样做：

1. 每天晚上遛猫，或是玩逗猫棒，尽可能消耗猫咪的精力。

2. 临睡前给猫咪提供充足的零食和饮水，留下几个猫咪喜欢的玩具，收好易碎品，最好在客厅安装监控。

3. 睡觉时关上卧室门，不要让猫咪和你共处一室。最开始，猫咪会因为不习惯，在你进入卧室后开始频繁地叫甚至挠门，你要坚持住，戴上降噪耳塞，安心睡觉。猫咪可能会持续地叫数小时，但最终会放弃。

4. 早晨，如果听到猫咪在客厅里大叫、跑酷、抓门、推倒物品，不用担心，你可以通过监控查看。通常来说，并没有需要你马上处理的事情发生，它只是使尽浑身解数试图把你叫出去，如果时间还早，继续睡觉。

5. 如果你打算起床，也要等到猫咪完全安静下来时再开门，否则就会错误地奖励到你不想鼓励的行为。

6. 离开卧室见到猫咪时，不要和猫咪说话，也不要立即喂食或抚摸，等洗漱完毕后，再开始喂食和互动。如果你已经学会了响片训练，在这个时候运用"轻松聊天"提示猫咪安静地坐下后再给奖励，效果更好。

很多家长喜欢和猫咪一起睡，但如果你正在经历猫咪的骚扰，并且想改善，就需要暂时分开睡，同时执行上述消退法。等到猫咪的认识从"骚扰家长就能获得奖励"转变成"无论怎么骚扰，家长都不会出现，只有保持安静，才会有好事发生（家长出现及响片训练）"后，再邀请猫咪进入卧室。除非你能保证无论猫咪在你身上疯狂"蹦迪"、扑咬手脚，还是啃咬鼻子，你都能绝对

不动，不发出任何声音，否则，同住一室是很难消退"叫早服务"的。

如同积极举手的小朋友，在执行消退法时，猫咪会出现很多消退导致的行为爆发。比如最初猫咪只是大声叫，但在执行过程中，有时猫咪大叫的次数越来越少，越来越安静，但有时反而叫得更频繁、声音更大，甚至出现故意推倒物品等行为。

行为爆发在消退的过程中会反复出现，让你觉得消退法时而有效时而无效。其实，猫咪只是还没有理解"无论弄出多大的动静，家长都不会出现"，它怀疑自己发出的噪声不足以吵醒你，所以它会反复试错。此时，千万不要泄气，一定要坚持住。否则，如果你在猫咪叫了一百声时出现，就会让猫咪误以为"一定要叫得非常频繁，家长才会出现"，错误的奖励就会导致不良行为出现得更频繁、更强烈。

亲爱的猫咪，请不要对我使用爪子和牙齿

你的猫咪是否经常把你挥动的手或走动的脚当成假想敌，总在找机会扑咬、抱踢？如果猫咪在玩耍时使用了爪子和牙齿，甚至不小心让你受了伤，你不要生气。其实猫咪没有恶意，它们只是对一切会活动的物体感兴趣，尤其是幼猫会经常做出这样的行为。

狩猎是猫咪的天性，即使没有猎物出现，它们也会找一些假想敌来练习狩猎能力。狩猎时，爪子和牙齿是猫咪最重要的武器。所以，运用武器练习狩猎，是猫咪的天性，是自然行为。

对家长使用武器是不恰当的，如果家长处理不当，给予了错误的奖励，这个行为就会出现得更频繁。如果家长没有给予错误奖励，随着猫咪年龄的增加，这个行为会自然消退——在它们的社交礼仪中，不会对熟悉友好的其他猫咪使用爪子和牙齿。因此，大部分猫咪对家长表现出的抓咬行为，是后天形成的，是在过去和家长的互动中学习到的。

前文提到，如果在本应使用否定句的沟通中，不小心使用了肯定句，想要消退的行为反而会出现得更频繁。在不当的游戏行为里，错误的奖励是什么呢？同理，也是家长的回应。

例如，猫咪扑咬手时，把猫咪推开，虽然在人的认知中推开意味着拒绝，但在猫咪的世界里，你正在和它玩游戏；如果你去拍打它，即使有些疼痛，猫咪仍会误以为你在和它激烈地玩耍。如果你被猫咪咬痛了，大叫一声，或是骂它两句，猫咪有可能会更加兴奋，毕竟逗猫棒是不会发声的。

这些错误的奖励，会让猫咪更乐意把你的肢体当作假想敌。你会发现，猫咪扑咬你时变得更加兴奋。

因此，要及时消退不当游戏，正如消退其他不当行为一般。

在消退过程中，仍会出现多次行为爆发，此时猫咪抓咬的频率和力度都有可能增加。如果你准备开始执行，就一定要提前做好计划，避免在行为爆发时出现错误的奖励。

不恰当的游戏行为源于猫咪的天性与后天的学习，处理时，需要同时使用替代法和消退法。

替代法

1. 在游戏互动中，停止用手或脚和猫咪玩耍，改用逗猫棒。逗猫棒的手柄和绳子要尽量长一些，让猫咪把注意力集中在玩具端，忽略家长的手部。

2. 每天少量多次地使用逗猫棒，每次玩5~10分钟，次数越多越好，也可以同时增加遛猫次数，帮助猫咪消耗过多的精力。

3. 使用逗猫棒时，要模仿猎物的运动模式，无论是虫子还是老鼠，都会走走停停，如果遇到天敌会快速逃跑，绝不会冲到天敌面前。因此，挥动逗猫棒时，也要走走停停，躲躲藏藏，不要一直在猫咪眼前乱晃。模仿得越像，猫咪兴趣越大。

4. 玩逗猫棒不单是为消耗精力，更重要的是满足猫咪的狩猎天性。所以，我们要给猫咪提供成功狩猎的机会，不要让猫咪永远都在追逐，却无法抓到。

5. 猫咪抓到逗猫棒后，可能会抱踢、啃咬，也可能会带到其他地方，不要强行收走玩具，而是找机会"逃跑"。

消退法

1. 仔细观察猫咪准备狩猎前的姿态，当它紧盯你的手脚蓄势待发地猛扑前，用逗猫棒满足它。如果无法及时拿到玩具，就直接走开，尽量避免让猫咪有狩猎成功的机会。

2. 如果不小心让猫咪得逞了，它的爪子或牙齿接触到你的身体，立即停止所有动作，不要发出任何声音，快速起身去另一间房，关上门，把自己和猫咪隔离开。

3. 猫咪发现奖励消失后，很可能出现行为爆发，无论它是大叫还是抓门，家长都不要回应或出现，直到猫咪完全安静下来，不再守在门口，才可以出去；如果猫咪没有出现行为爆发，可以等3～5分钟后再出去。

4. 更激烈的行为爆发会出现在未能及时避免的成功狩猎中。当猫咪发现家长在狩猎游戏里反复消失，很可能会突然用更大力度的抓咬踢挠进行试错，即使非常疼或受了伤，你仍然要坚持不动声色地快速消失。这是因为猫咪正在确认和你之间的游戏规则，

若家长叫出声或忍不住拍打，猫咪就会误以为"原来我需要更激烈、更用力，家长才会和我玩耍"。如果错误的奖励出现在行为爆发时，未来猫咪抓咬踢挠的频率就会比执行消退法前更高，力度更强。

最后，我们一起来总结一下否定句的使用要点。

1. 当猫咪出现干扰家长生活的不恰当行为时，要先分析这个行为是猫咪的天性还是后天习得的。如果是天性，行为无法被消退，要使用替代法处理；如果是后天习得的，持续使用消退法；如果二者皆有，替代法和消退法要同时使用。

2. 使用消退法时，最难执行的是避免行为爆发时的错误奖励。一旦出现奖励，本该消退的行为反而会增加，再次执行消退时，难度也会增加。

3. 当你决定使用消退法时，家庭所有成员需要共同执行。

4. 行为爆发会在执行过程中反复出现，只要坚持执行消退法，强度和频率就会逐渐下降。战胜行为爆发是成功的关键！

后记

在猫咪普通话中，我们使用的语法是操作条件反射中的正增强和负处罚；而在传统的动物训练中，更常使用负增强和正处罚。

负增强：某个行为出现后，厌恶的结果被移除，以此方法来增加这个行为的发生率。

猫咪为了避免某些不愉快的刺激，而增加某些行为的发生频率。

例如，在训练猫咪趴下时，用手强压猫咪腰背部，猫咪为避免不适（移除厌恶性刺激），不得不做出趴下的动作（行为增加）。

相比失败率较高的负增强，正处罚更常出现在最无效又伤感情的暴力沟通中。

正处罚：某个行为出现后，就会得到厌恶的结果，以此方法来减少这个行为的发生率。

给猫咪非常糟糕的体验，以减少某个行为。

例如，给猫咪佩戴电击项圈，每次猫咪叫时，项圈自动释放微电流（增加厌恶性刺激），直到猫咪安静时停止，猫咪为了避免疼痛，会减少叫声甚至不叫（行为减少）。

使用负增强和正处罚的训练，是在故意利用恐惧、痛苦或不适来引起动物行为的增加或减少。这些方法严重影响动物福利，破坏人与动物之间的关系，引发动物出现更多难以解决的行为问题和情感创伤，甚至导致健康问题。

我猜，没有人愿意养一只"病猫"。

本书中讨论的猫咪普通话即响片训练，熟练使用猫咪普通话，可及时强化猫咪的瞬间行为，有利于塑造友好行为，不但能增加猫咪与家长的互动，也能加深彼此的情感连接，是目前动物训练中最有效的方法。

当然，猫咪普通话并不能解决所有行为问题，猫咪行为学中包含了响片训练，但不限于此。

面对可能有抑郁、焦虑、攻击、强迫或认知障碍等问题的猫咪时，响片训练可辅助治疗，但不能只做响片训练。

如果你不幸接触到这样的猫咪，需尽早寻求具备专业受训经历、丰富工作经验的猫咪行为咨询师的帮助，如果涉及用药，还需到具备行为门诊的兽医院诊断治疗。

有些出现行为问题的猫咪，遭到了家长的遗弃或被安乐死。其实，大自然中没有任何一只健康动物会出现行为问题，这些家养动物的行为问题，几乎都是人类导致的。

猫咪的行为问题困扰着家长，猫咪自身也非常痛苦。虽然越来越多的养猫人开始深入学习猫咪行为学，但目前有资历开展行为门诊的兽医院仍是凤毛麟角。

因此，如果能在养猫之初使用猫咪普通话，出现行为问题的概率会大大降低。正如博士生可以教会小朋友唱一首儿歌，但无法与其讨论论文一般，人类更应当使用猫咪能够理解的、简单有效的友好方式进行沟通。

零压力猫咪行为训练

作者 _ 九月　　绘者 _ 李小孩儿

产品经理 _ 杜雪　　产品统筹 _ 周颖琪　　装帧设计 _ 王佳梦依　FINO STUDIO
技术编辑 _ 丁占旭　　执行印制 _ 刘世乐　　出品人 _ 王誉

营销团队 _ 张超　张舰文　谢昀廷

果麦
www.guomai.cn

以 微 小 的 力 量 推 动 文 明

图书在版编目（CIP）数据

零压力猫咪行为训练 / 九月著；李小孩儿绘.
天津：天津人民出版社，2025. 4. -- ISBN 978-7-201
-21037-7

Ⅰ . S829.3

中国国家版本馆CIP数据核字第2025RW9372号

零压力猫咪行为训练
LING YALI MAOMI XINGWEI XUNLIAN

出　　版	天津人民出版社
出 版 人	刘锦泉
地　　址	天津市和平区西康路35号康岳大厦
邮政编码	300051
邮购电话	022-23332469
电子信箱	reader@tjrmcbs.com

责任编辑	康悦怡
产品经理	杜　雪
装帧设计	王佳梦依　FINO STUDIO

制版印刷	嘉业印刷（天津）有限公司
经　　销	新华书店
发　　行	果麦文化传媒股份有限公司
开　　本	880毫米×1230毫米　1/32
印　　张	4.25
印　　数	1—7,500
字　　数	106千字
版次印次	2025年4月第1版　2025年4月第1次印刷
定　　价	49.80元

版权所有 侵权必究
图书如出现印装质量问题，请致电联系调换（021-64386496）